“十四五”职业教育国家规划教材

“十四五”职业教育河南省规划教材

物联网设备安装与调试

主编　张晓东　吕文祥

电子工业出版社·

Publishing House of Electronics Industry

北京·BEIJING

内 容 简 介

本书基于中职学生的学情及实际职业岗位特点，突出"装"（设备安装与配置）、"调"（系统部署、组网与调试）、"用"（物联网数据获取、设备控制等应用）、"维"（系统维护及设备维修）等内容，采用一平台（同一个实训系统平台）多项目（多种应用场景）的实训装置，涵盖典型感知层、智慧农业、智能家居等多个物联网应用场景的实训内容，学生通过实操训练，既可对物联网系统建立较为深入的感性认知，又可掌握物联网设备安装、系统部署、系统维护和设备维修的技能。

本书可作为中职物联网相关专业物联网设备安装与调试课程的教材，也可作为企业技术人员的自学参考用书。

图书在版编目（CIP）数据

物联网设备安装与调试 / 张晓东，吕文祥主编. —北京：电子工业出版社，2021.2

ISBN 978-7-121-40526-6

Ⅰ. ①物… Ⅱ. ①张… ②吕… Ⅲ. ①物联网—设备安装—中等专业学校—教材②物联网—设备—调试方法—中等专业学校—教材 Ⅳ. ①TP393.4②TP18

中国版本图书馆 CIP 数据核字（2021）第 022613 号

责任编辑：白　楠

印　　刷：北京七彩京通数码快印有限公司

装　　订：北京七彩京通数码快印有限公司

出版发行：电子工业出版社

　　　　　北京市海淀区万寿路 173 信箱　邮编 100036

开　　本：787×1 092　1/16　印张：16.5　字数：529.6 千字

版　　次：2021 年 2 月第 1 版

印　　次：2025 年 2 月第 8 次印刷

定　　价：43.00 元

凡所购买电子工业出版社图书有缺损问题，请向购买书店调换。若书店售缺，请与本社发行部联系，联系及邮购电话：（010）88254888，88258888。

质量投诉请发邮件至 zlts@phei.com.cn，盗版侵权举报请发邮件至 dbqq@phei.com.cn。

本书咨询联系方式：（010）88254583，zling@phei.com.cn。

前言

　　物联网是新一代信息技术的高度集成和综合应用，已成为全球新一轮科技革命与产业变革的核心驱动，以及经济社会绿色、智能、可持续发展的关键基础与重要引擎。随着 5G 应用的到来，物联网已进入快速发展阶段，未来在物流、交通、安防、能源、医疗、建筑、制造、家居、零售、农业、电力、工业等领域会融入更多的物联网创新元素，将催生一系列新产品、新服务和新业态，向各行业、各领域加速渗透。面对巨大的应用市场，研究型、工程应用型、技能型三类物联网人才十分紧缺，职业院校肩负着培养技能型人才的重任，正是在这一背景下，河南省职业技术教育教学教研室组织编写了中职物联网技术应用专业系列教材，本书为该系列教材之一。物联网设备安装与调试属于实操性很强的技能课程，本书基于中职学生的学情及实际职业岗位特点，突出"装"（设备安装与配置）、"调"（系统部署、组网与调试）、"用"（物联网数据获取、设备控制等应用）、"维"（系统维护及设备维修）等内容，采用一平台（同一个实训系统平台）多项目（多种应用场景）的实训装置，涵盖了典型感知层、智慧农业、智能家居等多个物联网应用场景的实训内容，学生通过实操训练，既可对物联网系统建立较为深入的感性认知，又可掌握物联网设备安装、系统部署、系统维护和设备维修的技能。

　　本书可作为中职物联网技术应用专业物联网设备安装与调试课程的教材，建议总学时为96 学时。本书采用任务驱动法进行编写，试图将学生的学习能力体现在任务实施中。本书有配套的工作页，力图使课堂教学更接近实际工作情况。

　　本书由河南省职业技术教育教学研究室组织编写，张晓东、吕文祥任主编，席东、花文俊、李冉、易森参与了编写。其中，第 1 章由花文俊、易森编写，第 2 章由席东、李冉编写，第 3 章由吕文祥、张晓东编写。在此，特别感谢北京新大陆教育科技有限公司为本书编写提供了设备支持。

　　由于编者水平有限，书中难免有疏漏及错误之处，恳请广大读者批评指正。

编　者

目录 CONTENTS

基于典型感知层的物联网设备安装与数据采集

1.1　情境描述

21 世纪初，随着计算机技术、通信技术和传感器技术的不断发展和相互交融，人们进入了一个全新的信息时代。这个全新的时代不仅关注人与人之间的沟通，而且关注人与物、物与物之间的沟通。万物互联的物联网技术则是这个时代的技术根基。现阶段，随着我国信息技术的高速发展，物联网作为新兴产业异军突起。它是继计算机、互联网与移动通信网之后，世界信息产业的第三次浪潮，其市场前景十分广阔。

作为物联网产业未来的从业者，掌握物联网设备的安装与调试非常必要。本章主要介绍物联网感知层设备的安装、调试、组网、数据采集与控制，以及物联网基础知识、安全用电知识、物联网设备安装施工工具和布线规范。本章通过对 PC 直连数据采集模式、Android 移动终端直连数据采集模式、Android 移动终端配置网关直连操作模式及云服务平台模式的实训，让读者逐步掌握物联网设备安装、组网、调试的基本方法与应用，对物联网有系统性的感性认知。

1.2　信息收集

1.2.1　物联网技术

1. 什么是物联网

物联网（Internet of Things，IoT）这一概念最早是在 1999 年由麻省理工学院的自动识别研究中心（Auto-ID Labs）提出的。它是指利用产品电子代码（Electronic Product Code，EPC）、射频识别（RFID）技术，依托网络（当时的网络概念仅限于互联网），实现在任何时候、任何地点对任何物品的识别和管理，即物品的互联互通。这种早期的物联网是以物流系统为背景提出的，主要是物流供应链与商品的互联，可以理解为一个狭义的物联网概念。

随着网络技术、传感技术、数据库技术、云计算、移动计算、机器学习等的发展，如今，物联网的概念已经发生了很大的变化。"物"不仅是过去说的商品，而且包括其他物理实体，如所有的人、接入设备、网络设备等，还包括丰富的应用系统；"网络"的概念不断扩大，不仅是互联网，也包括传感网、移动网等；应用技术也把二维码、传感器等技术包含进来。

因此，目前物联网是指通过信息传感设备，按照约定的协议，把任何物品与互联网连接起来，不需要人为操作而进行信息交换和通信，以实现智能化识别、定位、跟踪、监控和管理的一种网络。简言之，物联网就是物物相连的互联网。物物相连的世界如图 1-1 所示。

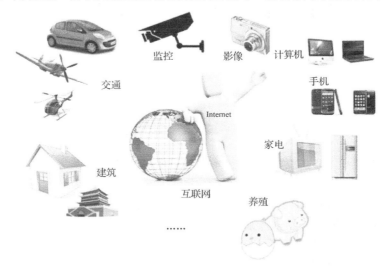

图 1-1　物物相连的世界

2．物联网架构

物联网作为一个系统网络，与其他网络一样，也有其内部特有的架构。

物联网有三个层次，一是感知层，即利用 RFID、传感器、二维码等随时随地获取物体的信息；二是网络层，即通过各种电信网络与互联网的融合，将物体的信息实时、准确地传递出去；三是应用层，即对感知层获得的信息进行处理，实现智能化识别、定位、跟踪、监控和管理等实际应用。

如果把物联网和人做比较，感知层好比人的四肢，网络层好比人的身体和内脏，应用层好比人的大脑，软件和中间件是物联网的灵魂和中枢神经。

感知层包括信息采集、组网与协同信息处理。首先要通过传感器、二维码、RFID 等技术自动识别并采集信息。采集到的信息需要向上位端传输，这就需要利用组网技术和协同信息处理技术，包括远距离与近距离数据传输技术、自组织组网技术、协同信息处理技术及信息采集中间件技术。网络层是指由移动通信网、广电网、互联网及其他专网组成的网络体系，可实现数据的传输。应用层包括物联网应用的支撑技术和物联网的实际应用。在物联网系统架构中，还涉及公共技术，如编码、标识、解析、信息服务、安全及中间件技术。

如图 1-2 所示为物联网的三层架构。

图1-2　物联网的三层架构

 拓展

云计算

云计算概念是由 Google 提出的，指一种网络应用模式。狭义云计算是指 IT 基础设施的交互和使用模式，即通过网络以按需、易扩展的方式获得所需的资源；广义云计算是指服务的交互和使用模式，即通过网络以按需、易扩展的方式获得所需的服务。这种服务可以是与软件、互联网相关的，也可以是其他服务，它具有超大规模、虚拟化、安全等特点。

云计算是分布式计算技术的一种，其最基本的概念是通过网络将庞大的计算处理程序自动分拆成无数个较小的子程序，再交由多个服务器组成的庞大系统经搜寻、计算分析之后将处理结果回传给用户。通过这项技术，网络服务提供者可以在数秒之内处理数以千万计甚至亿计的信息，达到和"超级计算机"同样强大的效能。最简单的云计算技术在网络服务中已经随处可见，如搜寻引擎、网络信箱等，使用者只要输入简单指令就能得到大量信息。

云计算的特点如下。

（1）云计算提供了最可靠、最安全的数据存储中心，用户不用担心数据丢失、病毒入侵等麻烦。

（2）云计算对用户端的设备要求最低，使用起来也最方便。

（3）云计算可以轻松实现不同设备间的数据与应用共享。

（4）云计算为存储和管理数据提供了几乎无限大的空间，也为人们完成各类应用提供了几乎无限强大的计算能力。

为了更好地利用物联网，人们将云计算应用到物联网中，以提高物联网的存储、计算和资源共享的能力。云计算与物联网的结合模式可分为以下几种。

一是单中心、多终端。各物联网终端（传感器、摄像头或4G手机等）把云中心或部分云中心作为数据处理中心，终端获得的信息、数据统一由云中心处理及存储，云中心提供统一界面给使用者操作或者查看。

这类应用非常多，如小区及家庭监控、高速公路监测、幼儿园监管及某些公共设施的保护等。这类应用的云中心可提供海量存储、统一界面、分级管理等功能，为日常生活提供帮助。此类云中心多为私有云。

二是多中心、大量终端。对于区域跨度较大的企业而言，多中心、大量终端的模式较为合适。例如，一个跨多地区或者多国家的企业，因其分公司或分厂较多，要对各分公司或分厂的生产流程进行监控，对相关的产品进行质量跟踪等，有些数据或者信息就需要及时甚至实时共享给各个终端的使用者。又如，北京地震中心探测到某地10min后会有地震，通过上述途径，仅仅十几秒就能将告警信息发出，可尽量避免不必要的损失。中国联通的"互联云"就是基于此思路提出的。

三是信息、应用分层处理，海量终端。这种模式可以针对用户范围广、信息及数据种类多、安全性要求高等特征来打造。当前，客户对各种海量数据的处理需求越来越多，针对此情况，可以根据客户需求及云中心的分布进行合理的分配。对需要传送大量数据，但是安全性要求不高的应用，如视频数据、游戏数据等，可以在本地云中心处理或存储；对于计算要求高，数据量不大的应用，可以放在专门负责高端运算的云中心进行处理；而对于数据安全要求非常高的信息和数据，可以放在具有灾备中心的云中心进行处理。此模式根据具体应用模式和场景，对各种信息、数据进行分类处理，然后选择相关的途径及相应的终端。

1.2.2　物联网设备安装及施工安全

1. 强电和弱电的区别

电气设备与线路一般分为强电（电力）和弱电（信息）两部分，两者既有联系又有区别。一般来说，强电的处理对象是电能（电力），其特点是电压高、电流大、功率大、频率低，主要考虑的是减少损耗、提高效率；弱电的处理对象主要是信号，即信号的传送和控制，其特点是电压低、电流小、功率小、频率高，主要考虑的是信号传送的效果，如信号传送的保真度、速度、广度、可靠性。通常讲的弱电工程包括电子工程、通信工程、消防工程、保安工程、影像工程等，以及为上述工程服务的综合布线工程。

在电力系统中，36V以下的电压称为安全电压，1kV以下的电压称为低压，1kV以上的电压称为高压。直接供电给用户的线路称为配电线路，如用户电压为380V/220V，称为低压配电线路。

如果从设备获取电能方面来看，那么强电设备一般指交流电压在24V以上的电气设备，如家庭中的电灯、插座等，电压为110～220V。家用照明灯具、电热水器、取暖器、电冰箱、电视机、空调、音响设备等均为强电设备。

弱电线路一般指音频/视频线路、网络线路、电话线路、传感信号线路、控制信号线路等，直流电压一般在24V以内。家中的电话、计算机、有线电视线路、音响设备的输出端线路等均为弱电设备/线路。

2．电工操作安全

在设备安装中，很多时候都会接触交流 220V 或 380V 的电网，甚至更高的电压，若操作不当或工作疏忽则极易造成人身或设备的损伤，严重时还会引起火灾。因此，设备安装操作人员必须具备安全用电的基本常识，并掌握必要的安全操作规范。

1）施工环境安全

在电工的施工环境中需要放置一些必备的消防器材，如灭火器等，以便施工过程中出现火灾事故时，能够及时进行抢险。除此之外，还应确保消防器材在合格的使用期限内。

施工环境安全应注意以下几点。

（1）保持用电环境的清洁、干燥，保证用电区域没有积水。

（2）施工环境中不可堆积过多的杂物或易燃物。

（3）电线不能过于冗长或与其他工具有拉扯。

（4）供电导线两端的连接必须牢固，在导线传输的中途不允许有接头，导线的接头应设在接线盒内。

2）用电设备安全

用电设备安全应注意以下几点。

（1）应避免接线板超负荷使用，切忌在同一个接线板上同时使用多个大功率设备。正常情况下，一个接线板只连接一个正在使用的大功率设备，如电钻、切割机等。

（2）应避免将施工工具及连接导线在地面上、通道内随意放置，否则会由于踩踏或磕绊等造成导线破损及断裂，在使用过程中很容易造成人身触电或火灾。为了保证安全操作，可以在使用前对工具的线缆部分进行检查。

3）着装和操作安全

施工过程中，如果需要进行带电操作，一定要穿戴绝缘手套、绝缘鞋及安全帽等，并且需要保证绝缘护具的性能良好。

绝缘手套是劳保用品，可起到对人体的保护作用。它用橡胶、乳胶、塑料等材料制成，具有防电、防水、耐酸碱、防滑、防油等功能，适用于电力、汽车和机械维修、化工、精密安装等行业。

绝缘手套是个体防护装备中绝缘防护的必要组成部分，随着电力工业的发展和带电作业技术的推广，对带电作业用绝缘手套的使用安全性提出了更加严格的要求，绝缘手套的使用应注意以下几点。

（1）用户购进绝缘手套后，如发现在运输、存储过程中遭雨淋、受潮或其他异常变化，应到法定检测机构进行电性能复核试验。

（2）绝缘手套在使用前必须进行充气检验，发现任何破损则不能使用。

（3）作业时，应将衣袖口套入绝缘手套筒口内，以防意外。

（4）绝缘手套使用后，应将内外污物擦洗干净，待干燥后撒上滑石粉平整放置，以防受压受损，且勿放于地上。

（5）绝缘手套应存储在干燥通风、室温-15～30℃、相对湿度 50%～80% 的库房中，远离热源，离开地面和墙壁 20cm 以上，避免受酸、碱等腐蚀品的影响，不要露天放置，要避免阳光直射。

（6）绝缘手套使用 6 个月后必须进行预防性试验。

绝缘鞋（绝缘靴）是电工进行配电作业时穿戴的一种辅助性用具。绝缘鞋一般分为低压绝缘鞋、6kV 绝缘鞋及 10kV 以上的高压绝缘鞋。

在低压带电的情况下，电工穿绝缘鞋就可以正常作业。但是在高压带电的情况下，仅仅依靠绝缘鞋，而不穿戴其他绝缘防护用具，是不允许的。因为绝缘鞋只能保护脚部不受伤害，而其他裸露的部分都可能带来危险。保质期内的绝缘鞋应避免接触尖锐物，防止因尖锐物刺破鞋子绝缘层而带来危险，还要防止机械损伤。绝缘鞋应正确、合理地进行保养，避免接触高温、油污、酸碱和腐蚀性物质。

由于电力施工操作人员通常与"电"打交道，所以要时刻注意判断通、断电的情况，对于已经断开的电源开关，在操作前也应该使用测电笔确定是否带电，如图 1-3 所示。

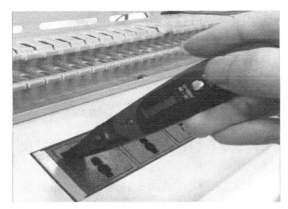

图 1-3　使用测电笔确定是否带电

3．安全用电常识

在电工作业过程中，若发现有人触电，首先应让触电者脱离电源，然后根据触电的情况对触电者进行救护。

1）触电种类

触电一般包括单相触电和两相触电。

当人体的某一部位触及一相带电导体时，就有触电电流通过人体，这种情况称为单相触电，如图 1-4（a）所示。这时，作用于人体的电压为 220V，电流经过人体、大地和中性点的接地装置，形成闭合回路，会给触电者造成致命危险。当人的两手或身体其他部位同时触及两相带电导线时，不论电网的中性点是否接地都会有触电电流通过人体，这种情况称为两相触电，如图 1-4（b）所示。这时，作用于人体的电压是 380V，由于电压较高，危险性更大。

在触电事故中，单相触电占触电事故的 95% 左右。例如，在没有关断电源的情况下，对断开的电线进行维修，操作者的手部误碰断开的线头，将造成单相触电。另外，维修带电插座也可能导致单相触电，当插座漏电情况严重时，手指不慎接触螺丝刀的金属杆，同样会造成单相触电，如图 1-5 所示。

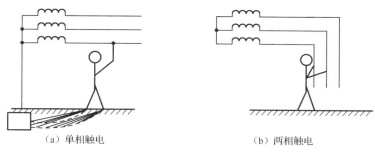

（a）单相触电　　　　　　　　　　（b）两相触电

图 1-4　单相触电和两相触电

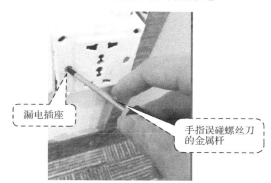

漏电插座

手指误碰螺丝刀的金属杆

图 1-5　维修带电插座时易造成单相触电

2）触电急救

触电急救的要点是救护迅速、方法正确。若发现有人触电，首先应使触电者脱离电源，但不能在没有任何绝缘防护措施的情况下直接与触电者接触。下面介绍触电急救的具体方法。

（1）脱离触电环境。

通常情况下，若发生市电触电，触电者的触电电压低于1000V。这时首先要使触电者迅速脱离触电环境，才可进行救治处理。一旦出现家装人员触电，救护人员要及时切断电源，切不可盲目上前拖曳触电者。若电线压在触电者身上，救护者可以利用干燥的木棍、竹竿、塑料制品、橡胶制品等绝缘物挑开触电者身上的电线。

注意：在急救时，严禁使用潮湿物品或者直接拉开触电者，以免救护者触电。

（2）现场急救处理。

当触电者脱离电源后，不要将其随意移动，应使触电者仰卧，并迅速解开触电者的衣服、腰带等，保证其正常呼吸，疏散围观者，保证周围空气畅通，同时拨打120，以保证用最短的时间将触电者送往医院。做好以上准备工作后，就可以根据触电者的情况做相应的救护。

以下列举几种常用的救护方式。

① 若触电者神志清醒，但有心慌、恶心、头痛、头昏、出冷汗、四肢发麻等症状，这时应让触电者平躺在地上，并对触电者进行仔细观察，最好不要让触电者站立或行走。

② 若触电者已经失去知觉，但仍有轻微的呼吸及心跳，这时应让触电者就地仰卧，使气道通畅，应把触电者衣服及阻碍其呼吸的腰带等解开，并且在5s内呼叫触电者或轻拍触电者肩部，以判断触电者意识是否丧失。在触电者神志不清时，不要摇动触电者的头部或呼叫触电者。

③ 当天气炎热时，应使触电者在阴凉的环境下休息；天气寒冷时，应帮触电者保温并等待医生的到来。

④ 包扎救助法：触电者在触电的同时，其身体上也会伴有不同程度的灼伤。在这种情况下，应根据灼伤情况进行包扎。被电灼伤的部位可用盐水球洗净，用凡士林、油纱布或干净毛巾等包扎好并稍加固定。

⑤ 心肺复苏法：若触电者出现心脏骤停的情况，应采用心肺复苏法救治。

近些年较为提倡的心肺复苏法为"胸外按压（Circulation）→ 畅通气道（Airway）→ 人工通气（Breathing）"，简称 C-A-B 三步骤，操作要领如图 1-6～图 1-8 所示。

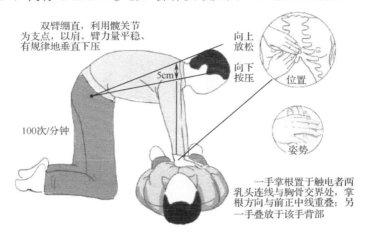

图 1-6　胸外按压

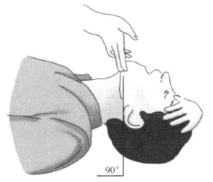

图 1-7　畅通气道

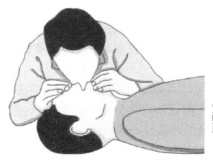

图 1-8　人工通气

胸外按压须注意以下几点。

① 按压频率至少 100 次/分钟（不再是约 100 次/分钟）。

② 成人按压幅度至少 5cm（不再是 4～5cm）。

③ 必须保证每次按压后胸部回弹。

④ 尽可能减少胸外按压中断。

⑤ 避免过度通气。

此外，单人操作时，胸外按压与人工通气的比例为 30∶2。畅通气道时，触电者取仰卧位，即胸腹朝天，颈后部（不是头后部）垫一软枕，使其头部尽量后仰，以方便开放气道。

人工通气一般采用口对口吹气，具体细节和注意事项如下。

① 救护者站在触电者头部一侧，自己深吸一口气，对着触电者的嘴（两嘴要对紧，不要漏气）将气吹入。为使空气不从鼻孔漏出，此时可用一手将触电者鼻孔捏住，在触电者胸壁扩张后，即停止吹气，让触电者胸壁自行回缩，呼出空气，这样反复进行，每分钟进行 14～16 次。

② 如果触电者口腔有严重外伤或牙关紧闭，可改为口对鼻吹气（必须堵住口部）。

③ 救护者吹气量的大小依触电者的具体情况而定。成人每次吹气量应大于 800mL，但不要超过 1200mL，低于 800mL，通气可能不足；高于 1200mL，易使咽部压力超过食管内压，使胃胀气而导致呕吐，引起误吸。一般以吹进气后，触电者的胸廓稍微隆起为最合适。口与口之间，如果有纱布，则放一块叠两层厚的纱布，或一块一层的薄手帕，但不要因此影响气体出入。

④ 每次吹气后救护者都要迅速掉头朝向触电者胸部，以吸入新鲜空气。

心肺复苏效果的判断：触电者颈动脉能摸到搏动，触电者恢复自主呼吸，说明救治产生效果。

3）火灾急救

在电工作业过程中，线路老化、设备短路、安装不当、负载过重、散热不良及人为因素都可能导致火灾事故的发生，操作人员应该掌握应对火灾的有效措施。面对火灾，应当保持沉着、冷静，立即采取措施切断电源，以防电气设备发生爆炸，或造成火灾蔓延和烧伤事故，同时应尽快拨打 119。在发生火灾事故时，快速、有效地灭火是非常必要的，可以采用以下几种方法。

（1）尽快脱下着火的衣服，特别是化纤衣服，以免使创面加大、加深。

（2）迅速卧倒后，在地上滚动，压灭火焰。衣服着火时切记不要站立、奔跑，以防增加头部、面部烧伤或吸入性损伤，可求助身边的人员一起灭火。

（3）救护者在救助时，可以用身边不易燃的材料，如毯子、大衣、棉被等迅速覆盖着火处，使其与空气隔绝，从而达到灭火的效果。

（4）救护者若自己没有烧伤，在进行火灾扑救时应尽量使用干粉灭火器，切记不要用泼水的方式救火，否则可能引发触电危险。表 1-1 列举了不同种类灭火器的使用方法。

表 1-1　不同种类灭火器的使用方法

灭火器种类	灭 火 范 围	使 用 方 法
二氧化碳灭火器	电器、仪器仪表、酸性物质、油脂类物质	一只手握住喷头对准火源，另一只手扳开开关
四氯化碳灭火器	电气设备	一只手握住喷头对准火源，另一只手扳开开关

续表

灭火器种类	灭 火 范 围	使 用 方 法
干粉灭火器	电气设备、石油、油漆、天然气	将喷头对准火源，提起环状开关
1211 灭火器	电气设备、化工化纤原料、油脂类物质	拔下铅封锁，用力压手柄
泡沫灭火器	可燃性物体、油脂类物质	倒置摇动，将喷头对准火源，拧开开关

常见灭火器的使用图解如图 1-9 所示。

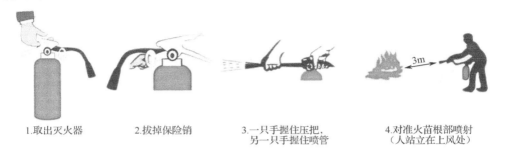

1.取出灭火器　　2.拔掉保险销　　3.一只手握住压把，　　4.对准火苗根部喷射
　　　　　　　　　　　　　　　　　另一只手握住喷管　　　（人站立在上风处）

图 1-9　常见灭火器的使用图解

1.2.3　物联网综合布线规范

1. 认识工具

物联网设备安装过程中需要使用多种工具和仪表，下面介绍物联网工程施工中通用的工具包。

物联网工程施工中，施工环境多变，所需工具较多，需要归纳整理、有序存放，为了保护好工具，一般采用具有防水、缓震作用且带有固定装置的工具包，通用工具包如图 1-10 所示。

图 1-10　通用工具包

通用工具包中包含常用规格的螺丝刀、钳子、万用表、电路焊接及测量工具、网线制作及测量工具等，如图 1-11～图 1-29 所示。

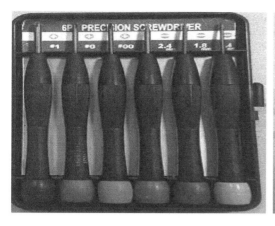

图1-11　小螺丝刀套件

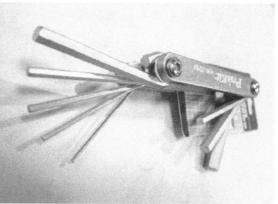

图1-12　内六角套件

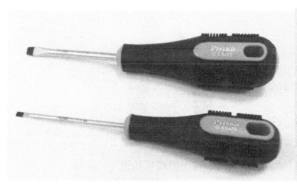

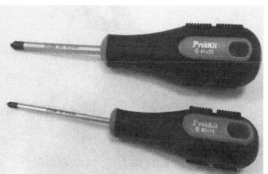

图1-13　螺丝刀

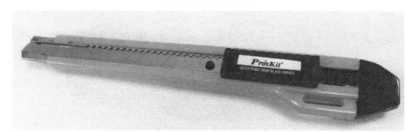

图1-14　美工刀

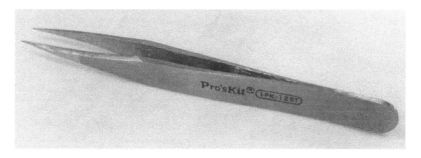

图1-15　不锈钢防磁瘦尖镊子

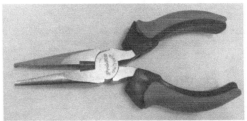

图 1-16　钳子

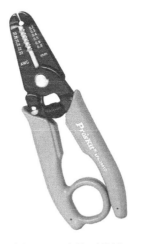

图 1-17　电线剥线钳　　　　　　　图 1-18　网线压线钳

图 1-19　简易剥线刀

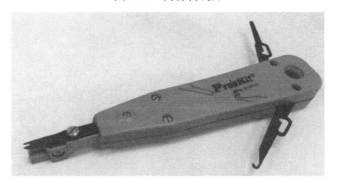

图 1-20　打线刀

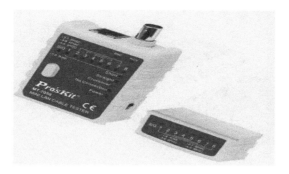

图 1-21　网络测线仪

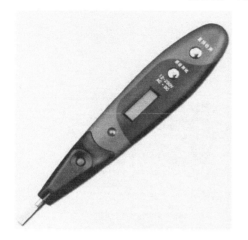

图 1-22　数字测电笔

图 1-23　数字式万用表

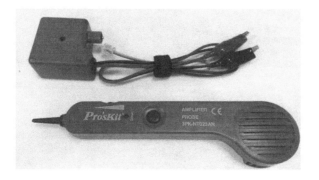

图 1-24　巡线仪

图 1-25　焊锡丝

图 1-26 助焊剂

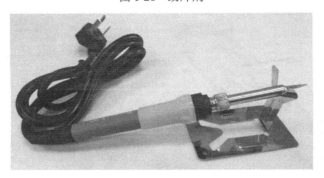

图 1-27 电烙铁

图 1-28 吸锡器

图 1-29 绝缘防水电胶布

2．电线的分类、选择与接驳

1）电线的分类

（1）塑铜线。塑铜线一股配合电线管一起使用，多用于建筑装修电气施工中的隐蔽工程，如图 1-30 所示。为区别不同线路的零、相、地线，设计有不同的表面颜色，一般以红色代表相线，双色代表地线，蓝色代表零线，但由于施工场合和条件不同，颜色的区分也不尽相同。

（2）护套线。如图 1-31 所示，护套线为一种有双层绝缘外皮的电线，它可用于露在墙体之外的明线施工，由于有双层保护套，它的绝缘性能和防破损性能大大提高，但散热性能相对塑铜线有所降低，所以不提倡将多路护套线捆扎在一起使用，那样会大大降低它的散热能力，时间过长会使其老化。

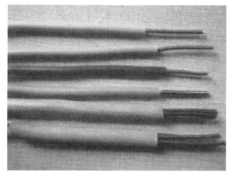

图 1-30　塑铜线　　　　　　　　　　　图 1-31　护套线

（3）橡套线。橡套线又称水线，如图 1-32 所示。顾名思义，这种电线是可以浸泡在水中使用的，它的外层是一种工业绝缘橡胶，可以起到良好的绝缘和防水作用。

2）电线的选择

室内供电线路应选用铜线；如果对旧线路进行改造，原先采用的铝线一定要更换成铜线，因为铝线极易氧化，其接头易打火。据调查，使用铝线的电气火灾发生率为铜线的几十倍。

图 1-32　橡套线

（1）电线截面积的选择。

① 按允许电压损失选择：电压损失必须在允许范围内，不能大于 5%，以保证供电质量。

② 按发热条件选择：发热应在允许范围内，不能因过热导致绝缘损坏，影响使用寿命。

③ 按机械强度选择：要保证有一定的机械强度，在正常使用下不会断线。

④ 家装电线的基本规格如下。

家装使用的电线一般为单股铜芯线，也可以选用多股铜芯线，比较方便穿线。其截面积主要有 4 个规格：$1mm^2$、$1.5mm^2$、$2.5mm^2$ 和 $4mm^2$。$1mm^2$ 铜芯线可承受 5～8A 电流；$1.5mm^2$ 铜芯一般用于灯具和开关线，也可用于电路中的地线；$2.5mm^2$ 铜芯线一般用于插座线和部分支线；$4mm^2$ 铜芯线用于电路主线、空调、电热水器等。

（2）电线颜色的选择。

在国内，家庭用电绝大多数为单相进户，进每个家庭的线为三根：相线、中性线（零线）和接地线。电线颜色的相关规定见表1-2。

表1-2 电线颜色的相关规定

类 别	颜 色 标 志	线 别	备 注
一般用途	黄色	相线 L1 相	A 相
	绿色	相线 L2 相	B 相
	红色	相线 L3 相	C 相
	浅蓝色	零线或中性线	
保护接地（零线）	绿/黄双色	保护接地（接零）	颜色组合3∶7
		中性线（保护接零）	
中性线（保护接零）	红色	相线	
	浅蓝色	零线	
二芯（供单相电源用）	红色	相线	
	浅蓝色	零线	
	绿/黄双色或黑色	保护接零	
三芯（供三相电源用）	黄色 绿色 红色	相线	无零线
四芯（供三相四线电源用）	黄色 绿色 红色 浅蓝色	相线	
		零线	

家装电线的颜色：

① 相线可使用黄色、绿色或红色中的任意一种，但不允许使用黑色、白色或绿/黄双色。

② 零线可使用黑色，没有黑色线时，也可用白色，零线不允许使用红色。

③ 保护零线只能使用绿/黄双色或者黑色，但保护零线采用黑色时，零线应使用浅蓝色或白色，以便区别。

3）电线的接驳

在因电线问题引发的事故中，一部分是电线超负荷使用造成的，另一部分是电线的接头不符合规范造成的。电线的接头如果接触不良、松动，那么高负荷大电流通过接头处就容易形成电弧，也就是俗称的"电火花"，电弧弧心的温度高达几千摄氏度，会给电线和电气设备造成严重损坏。

（1）电线接驳的基本要求。

对于新接驳的电线，其芯线截面积必须大于或等于原配的芯线截面积。例如，原配的芯线截面积是 $1.5mm^2$，则新接驳上去的电线芯线截面积应大于或等于 $1.5mm^2$。该段电线的材料、线径、芯线数、芯线颜色须和原配的电线一样。必须按照导线颜色一一对应连接，以便日后维修时容易识别。

（2）电线接驳的操作方法。

① 接线工具。

接线工具有尖嘴钳、剥线钳、绝缘胶布等，如图1-33所示。

尖嘴钳　　　　　　　　剥线钳　　　　　　　　绝缘胶布

图 1-33　接线工具

② 相关物料准备。

● 0.5mm^2 或 1.5mm^2 电线两条。

● 接线帽。

③ 接驳步骤。

步骤 1　芯线剥皮。使用尖嘴钳，分别剥去每根电线的绝缘层，让芯线裸露出 11mm 的铜线，不应有开叉，如图 1-34 所示。

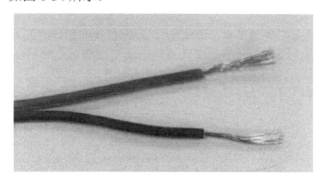

图 1-34　剥线长度

步骤 2　如果是临时用的较细的软铜线，可将两根电线的铜线绕在一起；如果使用的是较硬的铜线，可采用扭绕的方法，如图 1-35 所示。

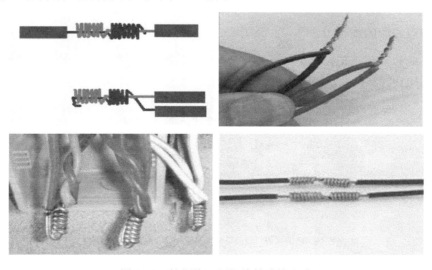

图 1-35　软铜线、硬铜线的缠绕方法

步骤 3 将缠绕在一起的线头同时插入接线帽中。注意，必须插到底，不允许有铜丝露出接线帽，线在接线帽内一定要放到位，尽量避免线在接线帽内上下、左右晃动，以防压制完成后线材接触不良。紧接着将接线帽放在尖嘴钳的压接虎口上，用力压到底（压到压不动为止），如图 1-36 所示。

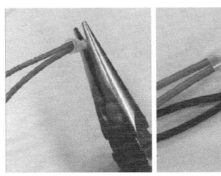

图 1-36 接线帽的压制

如果没有接线帽，则不使用步骤 3 的做法，改为直接使用绝缘胶布，将缠绕在一起的裸露芯线包扎起来。缠绕绝缘胶布时，绝缘胶布应缠绕至接驳口以外 3cm，往返次数不少于两次，如图 1-37 所示。

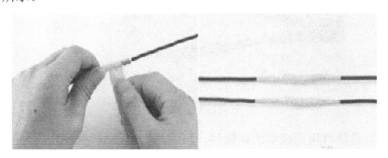

图 1-37 使用绝缘胶布

3．网络双绞线的制作

1）双绞线的制作规范

目前通用的双绞线制作标准是由美国国家标准委员会（ANSI）制定的 EIA/TIA 568A 和 568B 标准。

EIA/TIA 568A 和 568B 标准分别定义了双绞线连接头的排线顺序，如图 1-38 所示。

EIA/TIA 568A标准：

    1   2   3   4   5   6   7   8

绿白－绿－橙白－蓝－蓝白－橙－棕白－棕

EIA/TIA 568B标准：

    1   2   3   4   5   6   7   8

橙白－橙－绿白－蓝－蓝白－绿－棕白－棕

图 1-38 EIA/TIA 568A 和 568B 标准定义的排线顺序

既可以使用 EIA/TIA 568A 标准，也可以使用 EIA/TIA 568B 标准。需要注意的是，当一根网线的两端采用相同标准时，将这根网线称为"直通线"；当网线的两端分别采用两种线序来排线时，将这根网线称为"交叉线"。

直通线和交叉线各有其使用场合。当两台同级设备直连时，必须采用交叉线，如计算机连接计算机，或早期的路由器连接路由器；而两台不同级设备直连时，往往采用直通线。两种线型的使用场合见表 1-3。

表 1-3　两种线型的使用场合

线　型	使　用　场　合
直通线	计算机——交换机
	计算机——宽带路由器（LAN 口）
	交换机——路由器
交叉线	计算机——计算机
	路由器——路由器
	交换机——交换机

随着网络设备的技术改进，现在大部分网络设备已经无须刻意强调交叉线和直通线的区别。例如，现在的家用级宽带路由器，其接口芯片已经可以自动适应交叉线或直通线，不论接入哪种网线都可以正常工作。

2）双绞线的制作流程

下面介绍直通线和交叉线的制作方法。

① 制作工具。

制作工具有网络压线钳、简易剥线刀、网络测线仪等，如图 1-39 所示。

 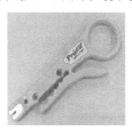 

网络压线钳　　　　　　　　简易剥线刀　　　　　　　　网络测线仪

图 1-39　制作工具

② 相关物料准备。

● 双绞线（长度 100cm）2 根。

● RJ45 水晶头 4 个。

③ 制作步骤。

步骤 1　用网络压线钳的剥线刀（或简易剥线刀）将双绞线的保护层剥去 3cm，注意不能将内层的芯线绝缘层划破，如图 1-40 所示。

步骤 2　露出内部的 4 对 8 根双绞线，按照 EIA/TIA 568B 标准，将 8 根芯线从左到右排好（按照"橙白–橙–绿白–蓝–蓝白–绿–棕白–棕"顺序），如图 1-41 所示。

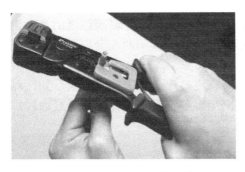

图 1-40　用网络压线钳剥线

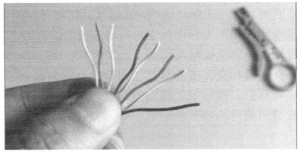

图 1-41　芯线排序

步骤 3　将 8 根芯线捋直后并拢，导线之间不留空隙，如图 1-42 所示。

步骤 4　将芯线放到网络压线钳切刀处，8 根芯线要在同一平面上并拢，而且尽量伸直，在 1.5cm 处剪齐，如图 1-43 所示。

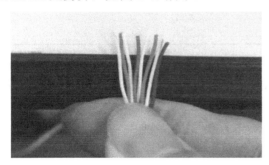

图 1-42　导线之间不留空隙

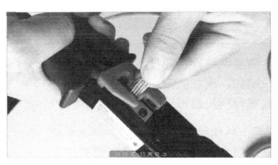

图 1-43　剪线

步骤 5　将双绞线插入水晶头内，插入过程用力要均衡，直到插到尽头，并检查 8 根线是否已经全部充分、整齐地排列在水晶头里面。

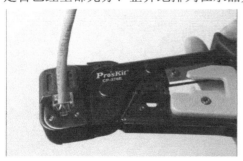

图 1-44　压线

步骤 6　将水晶头放入网络压线钳的压头槽内，双手紧握网络压线钳的手柄，用力压紧，在听到水晶头的塑料卡槽发出"咔"的一声后，压制完成，如图 1-44 所示。

取出水晶头后，观察水晶头顶端，应该可以看到水晶头的 8 个金属片已经穿透了双绞线的 8 根芯线，将每根芯线紧紧地卡在水晶头内部。

步骤 7　重复步骤 1～6，用同样的方法和线序制作网线另一端，即可完成一条直通线的制作。

步骤 8　把网线的两头分别插到网络测线仪上，打开电源开关，对制作好的双绞线进行测试，如果主机的指示灯闪烁顺序为"1-1,2-2,3-3,4-4,5-5,6-6,7-7,8-8"，测试结束后右侧的"Straight"指示灯亮起，表明这是一条直通线，如图 1-45 所示。

步骤 9　重复步骤 1～7，将制作线序改为一端 EIA/TIA 568A，另一端 EIA/TIA 568B，即可完成一条交叉线的制作。用网络测线仪测试，如果主机的指示灯闪烁顺序为"1-3,2-6,3-1,4-4,5-5,6-2,7-7,8-8"，测试结束后右侧的"Crossover"指示灯亮起，表明这是一条交叉线。

图 1-45　直通线的测试

4．布管、布线材料的选用

1）PVC 电线管的分类

家装电气工程中常用的是 PVC 电线管和 PVC 波纹管，如图 1-46 所示。本书主要针对 PVC 电线管进行介绍。

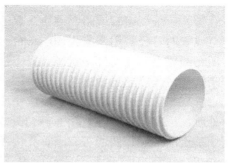

图 1-46　PVC 电线管和 PVC 波纹管

按照管形划分，PVC 电线管可分为圆管、槽管等。

按照管壁的薄厚划分，PVC 电线管可分为轻型（主要用于挂顶）、中型（用于明装或暗装）、重型（埋藏在混凝土中）三种，家庭装修主要选择轻型和中型管。

2）PVC 电线管操作注意事项

（1）供电用 PVC 电线管弯曲时，管内应穿入专用弹簧。使用时，把管子弯成 90°，弯曲半径大于 3 倍管径，弯曲后外观应光滑。

（2）PVC 电线管超过下列长度时，其中间应装设分线盒或放大管径。

① 管子全长超过 20m，无弯曲时。

② 管子全长超过 14m，只有一处弯曲时。

③ 管子全长超过 8m，有两处弯曲时。

④ 管子全长超过 5m，有 3 处弯曲时。

（3）顶埋 PVC 电线管时，禁止用钳子将管口夹扁、扭弯，应用符合管径的 PVC 塞头封盖管口，并用胶布绑扎牢固。

（4）线路有接头时必须在接头处留有暗盒并扣上面板，方便日后更换和维修。

（5）铺设 PVC 电线管时，电线的总截面积不能超过 PVC 电线管截面积的 40%。

（6）不同电压等级、不同信号的电线不能穿在同一根 PVC 电线管内，以防产生干扰。

5．布线规范与施工要点

1）家居布线规范

家庭住宅基本都采用单相入户的供电方式，有关单相电进入配电箱后的室内强、弱电线路布线及电器安装规范如下。

（1）配电箱应根据室内用电设备的不同功率分别配线供电，大功率家用电器应独立配线安装插座。

（2）配线时，相线与零线的颜色应不同，同一住宅相线（L）颜色应统一，零线（N）宜用蓝色，保护线必须用黄/绿双色线。

（3）导线间和导线对地间的电阻阻值必须大于 0.5MΩ。

（4）弱电系统均采用星形结构。

（5）进线管从户外引入家用信息箱。出线管从家用信息箱到各个户内信息插座。所敷设暗管（穿线管）应采用钢管或阻燃硬质聚氯乙烯管（硬质 PVC 管）。

（6）直线管的管径利用率应为 50%～60%，弯管的管径利用率应为 40%～50%。

（7）所布线路上存在局部干扰源，且不能满足最小净距离要求时，应采用钢管。

（8）暗管直线长度超过 30m 时，中间应加装过线盒。

（9）暗管直线敷设时，其路由长度应小于或等于 15m，且该段内不得有 S 形弯。连续弯曲超过两处时，应加装过线盒。所有转弯处均用弯管器完成，采用标准的转弯半径。不得采用国家明令禁止的三通、四通等。暗管孔内不得有各种线缆接头。

（10）电源线配线时，所用导线截面积应满足用电设备的最大输出功率。

（11）电线与暖气、热水器、煤气管之间的平行距离不应小于 300mm，交叉距离不应小于 100mm。

（12）工程竣工后应向业主提供综合布线工程竣工简图。

2）主要材料的质量要求

（1）电器、电料的规格、型号应符合设计要求及国家现行电器产品标准的有关规定。

（2）电器、电料的包装完好，材料外观不应有破损，附件、备件应齐全。

（3）塑料电线管及接线盒、各类信息面板必须是阻燃型产品，外观不应有破损及变形。

（4）塑料电线管及接线盒的外观不应有折扁和裂缝，管内应无毛刺，管口应平整。

（5）通信系统使用的终端盒、接线盒与配电系统的开关、插座应选用与各设备相匹配的产品。

3）家居布线的施工要点

（1）应根据用电设备位置，确定管线走向、标高及开关、插座的位置。

① 电源插座间距不大于 3m，距门道不超过 1.5m，距地面约 30cm。

② 插座距地高度约 30cm。

③ 开关安装距地 1.2～1.4m，距门框 0.15～0.2m。

（2）电源线配线时，所用导线截面积应满足用电设备的最大输出功率。

（3）暗盒接线头留 3m，所有线路应贴上标签，并标明类型、规格、日期和工程负责人。

（4）在穿线管道与暗盒连接处，暗盒不允许切割，须打开管孔，将穿线管穿出。穿线管在暗盒中保留 5mm。

（5）暗线敷设必须配管。

（6）同一回路的电线应穿入同一根管内，管内总电线数不应超过4根。

（7）电源线与通信线不得穿入同一根管内。

（8）电源线及插座与电视线、网线、音视频线及插座的距离不应小于500mm。

（9）穿入配管导线的接头应改在接线盒内，接头搭接应牢固，绝缘包缠应均匀、紧密。

（10）连接开关、螺口灯具导线时，相线应先接开关，开关引出的相线应接在灯中心的端子上，零线应接在螺纹端子上。

（11）厨房、卫生间应安装防溅插座，开关宜安装在门外开启侧的墙体上。

（12）线管均采取地面直接布管方式，如有特殊情况需要绕墙或走顶，必须事先在协议上注明不规范施工或填写《客户认可单》。

1.3 分析计划

为完成感知层设备的安装与调试任务，读者已经通过收集资料和一些技能训练，对物联网三层架构有了初步的了解，并且对物联网设备安装工具和安装电气规范有了深入的认识。下面将从物联网的感知层入手，逐步介绍物联网设备安装与调试。在开始任务之前，需要认真地分析任务，下面介绍几种分析任务的常用方法。

1. 鱼骨图

鱼骨图（又称因果图、石川图）如图1-47所示，指的是一种发现问题"根本原因"的分析方法，可以划分为问题型、原因型及对策型等几类。

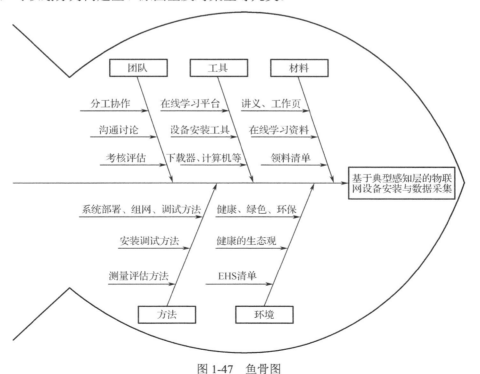

图1-47 鱼骨图

2．人料机法环一览表

人料机法环一览表见表 1-4。

表 1-4　人料机法环一览表

人员/客户	
教师作为客户发布的任务如下： ● 为本任务选择工具、材料、设备等 ● 根据任务要求规范安装设备并连接线路、组网、调试，实现任务要求的功能 ● 通过安装、调试、运行的质量和职业规范、EHS 来评价任务完成情况 在组织过程中，以小组为单位，每个小组两名学生，利用人力、智力资源完成本任务	
材料	**机器/工具**
● 讲义、工作页 ● 在线学习资料 ● 材料图板 ● 领料清单	● 依据在信息收集中学到的知识，参考工具清单安排需要的工具、线材和设备 ● 在线学习平台 ● 工具清单
方法	**环境**（安全、健康）
● 依据在信息收集中学到的技能，参考控制要求选择合理的编程与调试流程 ● 制定 1～3 种方法（工艺、流程）	● 绿色、环保的社会责任 ● 可持续发展的理念 ● 健康的生态观 ● EHS 清单

填写角色分配和任务分工与完成追踪表，见表 1-5。

表 1-5　角色分配和任务分工与完成追踪表

序　号	任 务 内 容	参 加 人 员	开 始 时 间	完 成 时 间	完 成 情 况

填写领料清单，见表 1-6。

表 1-6　领料清单

序　号	名　　称	单　位	数　量
1			
2			
3			
4			
5			
6			

填写设备/工具清单，见表 1-7。

表 1-7　设备/工具清单

序　号	名　　称	单　位	数　量
1			
2			
3			
4			
5			
6			

1.4　任务实施

1.4.1　任务综述

1. 任务实施前

参考 1.3 节，再次核查人员分工、材料、工具是否到位；再次确认编程调试的流程和方法，熟悉操作要领。

2. 任务实施中

在感知层设备安装与调试中，严格执行安装与调试流程，遵守操作规定；按照要求填写工单；任务实施时要"小步慢进"，要实时测量、检验，及时修正。

任务实施过程中，按照表 1-5 记录完成的情况。

任务实施中，严格落实 EHS 的各项规程，见表 1-8。

表 1-8　EHS 落实追踪表

	通用要素	本次任务要求	落实评价（0～3分）
环境	评估任务对环境的影响		
	减少排放与不友好材料		
	确保环保		
	5S 达标		
健康	配备个人劳保用具		
	分析工业卫生和职业危害		
	优化人机工程		
	了解简易急救方法		
安全	安全教育		
	危险分析与对策		
	危险品（化学品）注意事项		
	防火、逃生意识		

3. 任务实施后

任务实施后，严格按照 5S 进行收尾工作。

1.4.2　任务实施分解

1. 认识物联网感知层设备

1）任务描述

认识移动实训台、物联网数据采集网关、移动工控终端、数字量采集器、四输入模拟量采集器、人体红外传感器、光照传感器、继电器、风扇、温湿度传感器等典型物联网感知层设备，了解其功能及电气规格。

2）设备清单（表 1-9）

表 1-9　设备清单

序　号	设备名称及型号	数　量
1	移动实训台	1个
2	物联网数据采集网关	1个
3	移动工控终端	1个
4	数字量采集器	1个
5	四输入模拟量采集器	1个
6	人体红外传感器	1个

续表

序　号	设备名称及型号	数　量
7	光照传感器	1 个
8	继电器	1 个
9	风扇	1 个
10	温湿度传感器	1 个

3）任务实施

步骤 1　了解典型物联网感知层基础套件主要设备名称及构成，感知层基础套件主要由核心部件、采集器、传感器、继电器和执行器组成。

步骤 2　认识感知层设备。

（1）移动实训台。

移动实训台是物联网感知层设备安装与固定的平台，它使用 220V 强电输入，强电交流供电口有 6 个（3 孔插座）；提供 5V、12V、24V 弱电直流供电端子；提供 1 个 WAN 以太网口和 4 个 LAN 以太网口，以及具备 Wi-Fi 功能的无线路由。

移动实训台正面如图 1-48 所示。其中，①为感知层设备安装、固定的主工作区，通过螺钉或磁铁进行设备的固定；②为弱电直流供电端子，共有两组；③为移动实训台底座，可吸附磁性设备。

移动实训台背面如图 1-49 所示。其中，①为线槽，所有设备的电源线和信息线均需要布置到线槽中；②为无线路由器，具备 Wi-Fi 功能，并提供 1 个 WAN 以太网口、4 个 LAN 以太网口；③为强电供电模块，提供 220V 交流电输出；④为 220V 交流电输入；⑤为电源总开关。

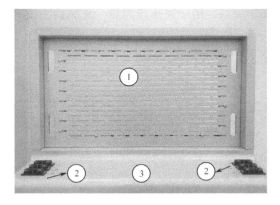

图 1-48　移动实训台正面

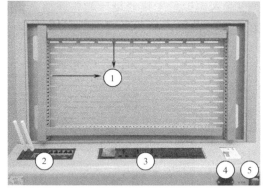

图 1-49　移动实训台背面

（2）物联网数据采集网关。

物联网数据采集网关是感知层实训系统的重要部件，集成物联网核心采集器、控制器，通过 ZigBee 协议、Modbus 协议、802.3 协议等采集、解析数据，并将数据实时显示在显示屏上，如图 1-50 所示。物联网数据采集网关具有如下特点。

① LCD 显示，触摸操作，可同时显示 6 路传感器数据。

② 具备本地声光报警功能，可实现超温、断电报警。

③ 数据实时传输。

④ 内置后备电池，断电后可继续工作 2 小时。

（3）移动工控终端。

移动工控终端是感知层实训系统的数据处理核心，通过对网关传输的数据的逻辑处理，向网关下达指令，如图 1-51 所示。其特点如下。

图 1-50　物联网数据采集网关

图 1-51　移动工控终端

① 支持网关连接、串口与采集器直接连接两种方式。

② 显示内容丰富，界面友好。

③ 多通道数据传输，支持 Wi-Fi、串口、RJ45 等多种数据传输方式。

④ 具有可旋转支架。

（4）数字量采集器。

数字量采集器如图 1-52 所示。

（5）四输入模拟量采集器。

四输入模拟量采集器是一款 4 通道 ZigBee 采集模块，用于采集模拟量，采集到的模拟量通过 ZigBee 传输，如图 1-53 所示。

图 1-52　数字量采集器

图 1-53　四输入模拟量采集器

（6）人体红外传感器。

自然界中任何有温度的物体都会辐射红外线，人体有相对固定的体温范围，发出波长为 $10\mu m$ 左右的红外线。人体红外传感器能够探测到 10m 范围内人体辐射的红外线，并能通过后续电路实现声光报警，如图 1-54 所示。

（7）光照传感器。

光照传感器用于检测光照强度，其工作原理是将光照强度值转换为电压值。它采用高灵敏度的光敏元件作为传感器，具有测量范围宽、使用方便、便于安装、传输距离远等特点，如图 1-55 所示。

图 1-54　人体红外传感器

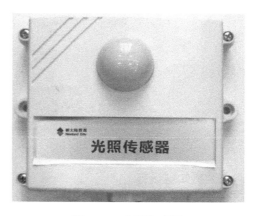

图 1-55　光照传感器

（8）继电器。

继电器是一种电磁开关控制元件，通常应用于自动化控制电路中，它实际上是用小电流控制大电流的一种开关，在电路中起着自动调节、安全保护、转换电路等作用，如图 1-56 所示。

图 1-56　继电器

（9）温湿度传感器。

温湿度传感器是指能将温度量和湿度量转换成容易测量、处理的电信号的设备或装置，如图 1-57 所示。

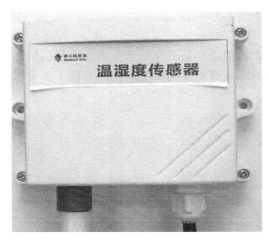

图 1-57　温湿度传感器

2．安装感知层设备

1）任务描述

掌握物联网感知层设备的安装及接线方法，了解移动实训台的布局与连线。

2）任务实施

步骤 1　移动实训台的布局图如图 1-58 所示，移动实训台的接线图如图 1-59 所示。

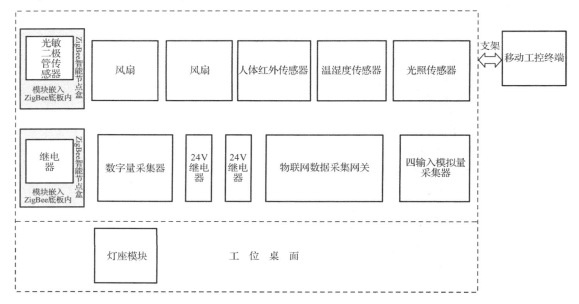

图 1-58　移动实训台的布局图

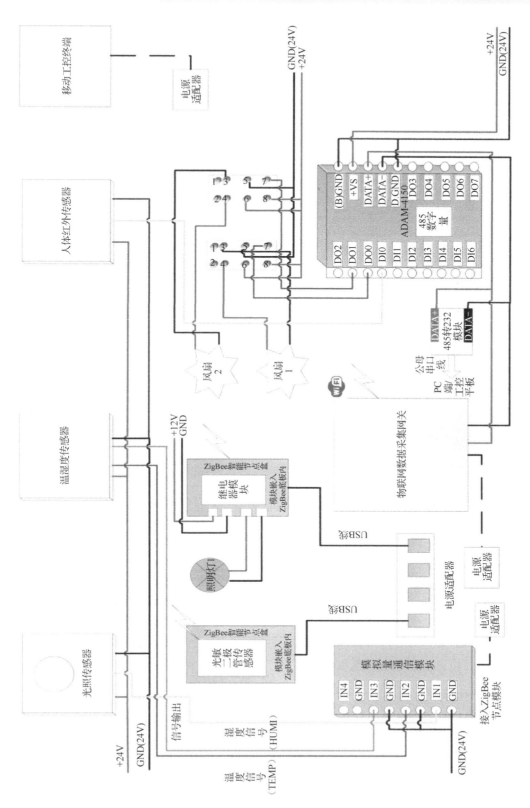

图1-59 移动实训台的接线图

步骤 2　主要设备的安装、连线。

（1）ZigBee 板、固定板的安装。

① 将铜柱固定在 ZigBee 板的背面，如图 1-60 所示。

② 把 ZigBee 板固定在透明板上，如图 1-61～图 1-63 所示。

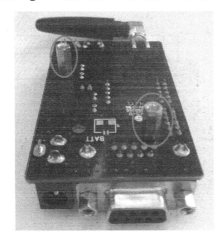

图 1-60　将铜柱固定在 ZigBee 板的背面

图 1-61　透明板

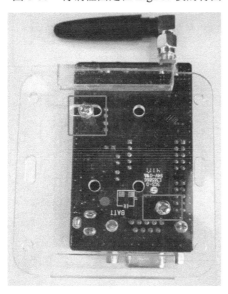

图 1-62　把 ZigBee 板固定在透明板上

图 1-63　固定好后的侧面图

③ 将 ZigBee 板用螺钉固定到工位上，如图 1-64、图 1-65 所示。

（2）数字量采集器的接线。

数字量采集器的接线如图 1-66 所示。其中，DO0～DO7 为输出端口，DI0～DI6 为输入端口，(B)GND、D.GND 为−24V 接地端口，+VS 为+24V 供电端口，DATA+、DATA−接 485 转 232 模块的 DATA+、DATA−。

图 1-64　ZigBee 板固定后的正面

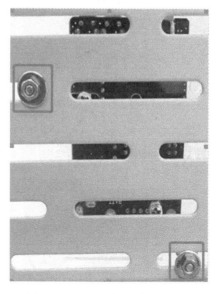

图 1-65　ZigBee 板固定后的背面

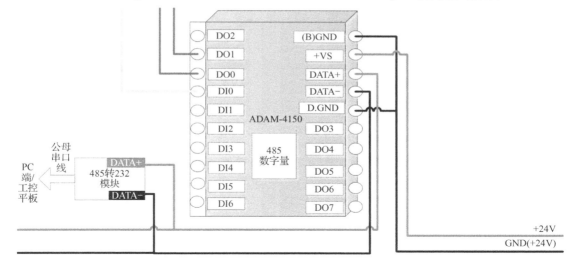

图 1-66　数字量采集器的接线

（3）485 转 232 模块。

485 转 232 模块可将采集设备上采集到的数据用串口转接到终端设备上，通过终端来分析采集的数据，其布线图如图 1-67 所示。

（4）继电器的安装与接线。

① 使用螺钉将凹形小铝条固定到移动实训台上，如图 1-68 所示。

② 将继电器扣到凹形小铝条上，如图 1-69 所示。

③ 安装完成，如图 1-70 所示。

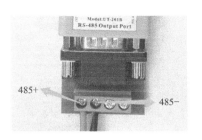

图 1-67　485 转 232 模块布线图

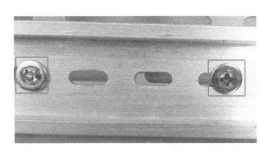

图 1-68　固定凹形小铝条

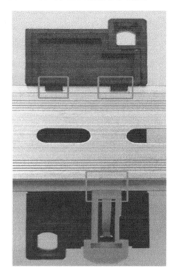

图 1-69　将继电器扣到凹形小铝条上

图 1-70　安装完成

④ 继电器供电端为继电器提供工作电源（继电器线圈供电），负载供电端为负载提供工作电源（通过继电器开关触点向负载供电），开关常开端、开关常闭端接负载，如图 1-71 所示。

图 1-71　继电器接线图

（5）风扇的安装与接线。

通过螺钉将风扇固定到移动实训台上，风扇共有两根连接线，其中红色线接+24V，黑色线接 GND，如图 1-72、图 1-73 所示。

图 1-72　风扇　　　　　　　　　　图 1-73　风扇安装和接线图

（6）人体红外传感器的安装与接线。

① 通过螺钉将人体红外传感器的底座（图 1-74）固定到工位上。

② 人体红外传感器共有三根连接线，其中红色线接+24V，黑色线接 GND，黄色线为信号线，接数字量采集器的信号输入端口，如图 1-75 所示。

图 1-74　人体红外传感器的底座　　　图 1-75　人体红外传感器的连接线

（7）四输入模拟量采集器的安装与接线。

将四输入模拟量采集器通过对接点（图 1-76）插到黑色 ZigBee 板的相应插座上，如图 1-77 所示。

图 1-76　对接点　　　　　　　图 1-77　将四输入模拟量采集器安装到 ZigBee 板上

四输入模拟量采集器接线图如图 1-78 所示。

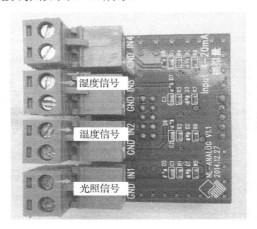

图 1-78　四输入模拟量采集器接线图

（8）光照传感器的安装与连接。

将光照传感器固定在实训台上（图 1-79），光照传感器共有 3 根线，其中红色线接+24V，黑色线接 GND，黄色线为信号线，接四输入模拟量采集器。

（9）温湿度传感器的安装与连接。

将温湿度传感器固定在实训台上（图 1-80），温湿度传感器共有 4 根线，其中红色线接+24V，黑色线接 GND，绿色线是温度信号线，接在四输入模拟量采集器 IN3 上，蓝色线是湿度信号线，接在四输入模拟量采集器 IN2 上。

图 1-79　光照传感器的安装

图 1-80　温湿度传感器的安装

3. 物联网感知层直连数据采集

1）数字量采集器的安装

（1）任务描述。

本任务将人体红外传感器、继电器、风扇与数字量采集器正确、规范连接，并将数字量采集器通过 485 转 232 模块连接到 PC 和 Android 终端，分别实现 PC 端直连数据采集和 Android 终端直连数据采集。

（2）设备清单（表 1-10）。

表 1-10 设备清单

序　号	设备名称及型号	数量及单位
1	数字量采集器（ADAM-4150）	1 个
2	人体红外传感器	1 个
3	24V 继电器	2 个
4	24V 风扇	2 个
5	485 转 232 模块	1 个

（3）任务实施。

步骤 1　将数字量采集器、人体红外传感器、继电器、485 转 232 模块安装在移动实训台上。

步骤 2　按图 1-81 将人体红外传感器、数字量采集器、继电器、风扇、485 转 232 模块连接起来。

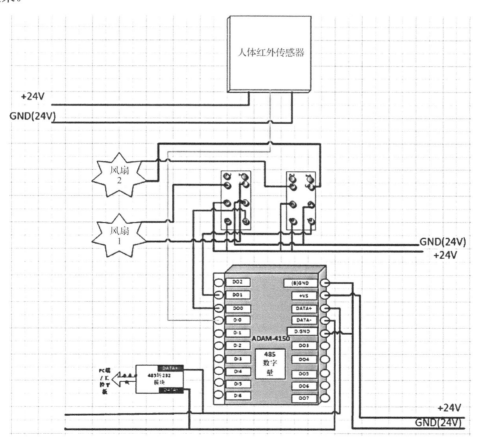

图 1-81　数字量采集器及相关设备接线图

2）四输入模拟量采集器的烧写与安装

（1）任务描述。

安装 SmartRF Flash Programmer（SmartRF 闪存编辑器），并对 ZigBee 模块进行烧写。

（2）设备清单（表 1-11）。

表 1-11　设备清单

序　号	设 备 名 称	数量及单位
1	ZigBee 模块	1 个
2	烧录器	1 个
3	PC	1 台

（3）任务实施。

步骤 1　找到 SmartRF Flash Programmer 软件的安装程序 Setup_SmartRFProgr_1.12.7.exe，双击进行安装，安装界面如图 1-82 所示。

图 1-82　SmartRF Flash Programmer 安装界面

安装完成后会生成图标 ，双击该图标运行 SmartRF Flash Programmer 软件，运行界面如图 1-83 所示。

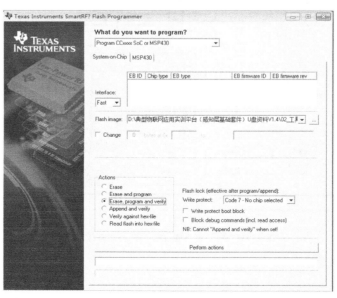

图 1-83　SmartRF Flash Programmer 运行界面

步骤 2 烧写程序。

① 将烧录器（也称编程器或下载器）的下载线连接到 ZigBee 板上（需要用专用电源插头供电），注意方向（△和▽对应），另一根连接到计算机的 USB 端口，如图 1-84 所示。

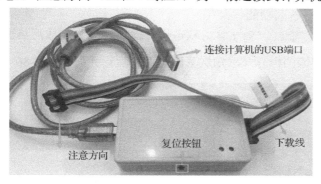

图 1-84　烧录器的连接

② 打开 SmartRF Flash Programmer 软件，按烧录器的复位按钮，找到 ZigBee 板后会有连接成功的提示（如果没有出现，则需要检查下载线和 ZigBee 板是否接反），选择要烧录的文件，如图 1-85 所示。

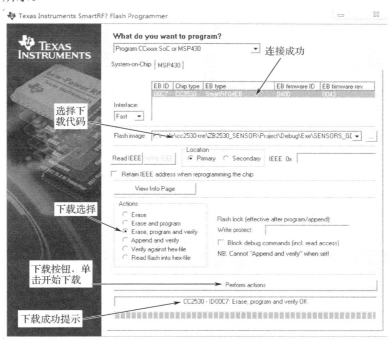

图 1-85　烧写程序

③ 选中"Erase,program and verify"单选按钮，单击"Perform actions"按钮开始下载，下载过程中有进度条显示，下载成功后有下载成功提示。

3）数字量采集器及四输入模拟量采集器与 PC 端直连采集数据

（1）任务描述

将数字量采集器及四输入模拟量采集器通过串口线与 USB 转串口线连接到 PC 的串口与

USB 端口，实现模拟量数据（包括温湿度、光照）、数字量数据的采集与控制（通过继电器控制两个风扇）。

（2）任务实施。

步骤 1 安装感知层基础套件并了解其功能。

找到感知层基础套件安装程序 ，双击进行安装，安装完成后桌面上生成感知层基础套件的图标 ，双击该图标打开感知层基础套件，运行界面如图 1-86 所示。

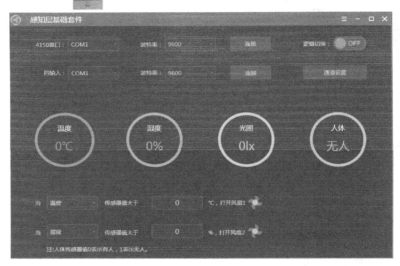

图 1-86 感知层基础套件运行界面

步骤 2 安装 USB 转串口驱动程序。

将 USB 转串口线插入计算机的 USB 端口，在桌面"计算机"图标上右击，选择"管理"命令（图 1-87），然后在弹出的窗口中选择"设备管理器"（图 1-88）。需要安装 USB 转串口驱动程序，安装方法如下：打开如图 1-89 所示的"win xp server 2008 2012 2016 Vista 7 8 8.1 10 32-64bit"文件夹，找到如图 1-90 所示的 CDM21226_Setup.exe 安装文件，双击该文件进行安装，安装界面如图 1-91 所示，安装完成界面如图 1-92 所示，单击"完成"按钮。再次查看端口，如图 1-93 所示。

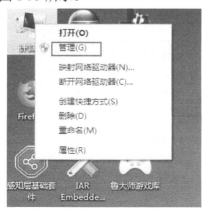

图 1-87 选择"管理"命令

图 1-88 选择"设备管理器"

图 1-89 USB 转串口驱动程序安装文件夹

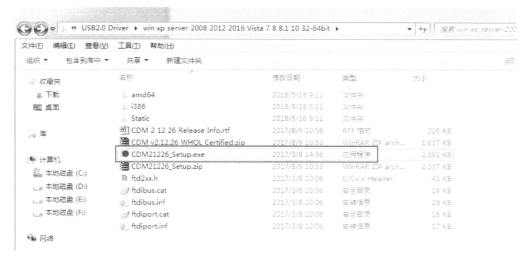

图 1-90 USB 转串口驱动程序安装文件

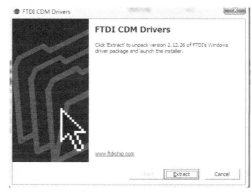

图 1-91 USB 转串口驱动程序安装界面

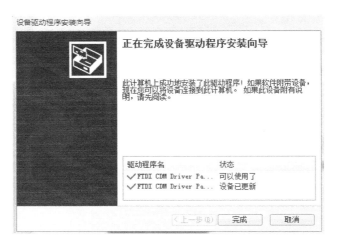

图 1-92　USB 转串口驱动程序安装完成界面

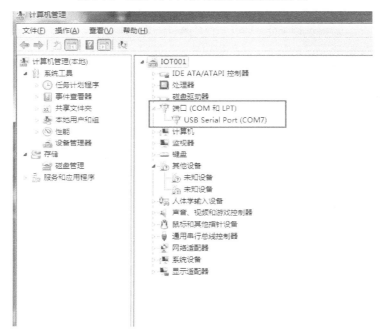

图 1-93　再次查看端口

步骤 3　将 ZigBee 板烧写成四通道独立采集功能。

连接烧录器、ZigBee 板和计算机，双击 [图标] 图标，打开该软件，烧写文件，将 ZigBee 板烧写成四通道独立采集功能，如图 1-94 所示。

步骤 4　利用两根 USB 转串口线分别把四输入模拟量采集器、数字量采集器与计算机相连，连线完成后给 ZigBee 板通电（ZigBee 板须用配套的电源适配器供电），然后打开感知层基础套件，如图 1-95 所示。

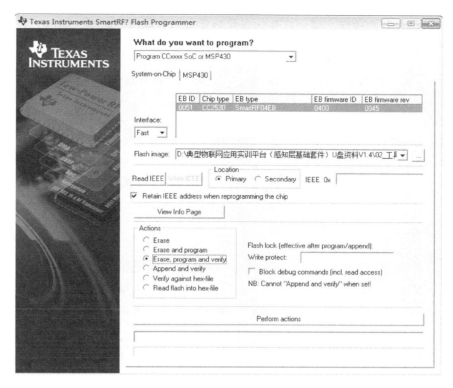

图 1-94　烧写文件

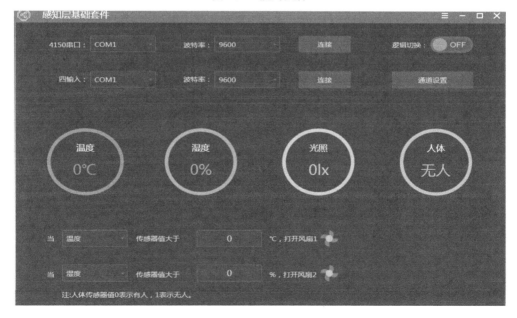

图 1-95　感知层基础套件

步骤 5　设置通道。

将人体红外通道设置为 DI1，风扇 1 通道设置为 DO0，风扇 2 通道设置为 DO1；在 ZigBee 四输入模拟量通道设置中，将温度设置为 Value1，湿度设置为 Value2，光照设置为 Value3，如图 1-96 所示。设置完成后，感知层基础套件会显示当前环境的温度、湿度、光照等数据，如图 1-97 所示。

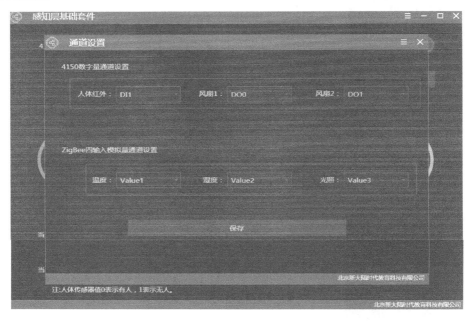

图 1-96　通道设置

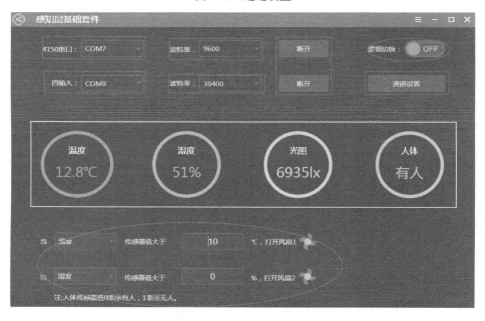

图 1-97　感知层基础套件显示当前环境数据

步骤 6　设置逻辑切换。

通过设置界面中的逻辑切换功能，可以手动或自动控制风扇的工作状态。当逻辑切换处于 ON 状态时，系统会根据温度、湿度等数值是否满足逻辑条件，自动打开/关闭风扇。当逻辑切换处于 OFF 状态时，只能手动打开/关闭风扇，如图 1-97 所示。

4）数字量采集器及四输入模拟量采集器与 Android 终端直连采集数据

（1）任务描述。

将数字量采集器及四输入模拟量采集器通过串口线连接到移动工控终端的串口，以实现模拟量数据（包括温湿度、光照）、数字量数据的采集与控制（通过继电器控制两个风扇）。

（2）任务实施。

步骤 1 安装移动端感知层基础套件。移动端感知层基础套件有两种安装方式，一种是将安装文件复制到 U 盘上，将 U 盘插入移动工控终端的 USB 口，然后在移动工控终端的文件浏览器中打开 U 盘里的安装文件，进行安装；另一种是通过 USB 线将移动工控终端连接到计算机，通过手机助理（如豌豆荚等）进行安装。安装完成后，如图 1-98 所示。

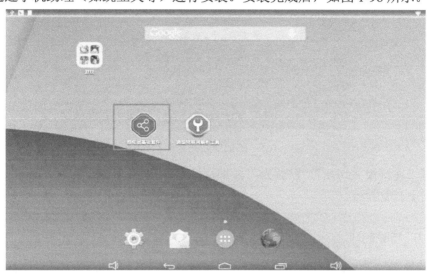

图 1-98 移动端感知层基础套件安装完成

步骤 2 Android 终端与四输入模拟量采集器及 ADAM-4150 的连接。

使用公母直连串口线（图 1-99）将四输入模拟量采集器的串口连接到移动工控终端的 COM 口，使用 485 转 232 模块将 ADAM-4150 的串口连接到移动工控终端的 COM 口，如图 1-100 所示。

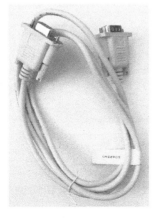

图 1-99 公母直连串口线

图 1-100 串口连接

步骤 3 为 Android 终端感知层基础套件设置参数。

① 打开感知层基础套件，主界面如图 1-101 所示。

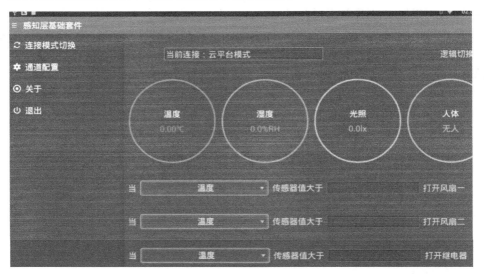

图 1-101　感知层基础套件主界面

② 选择"连接模式切换"，默认为"云平台模式"，这里需要设置为"Android 平板直连模式"，如图 1-102 所示。

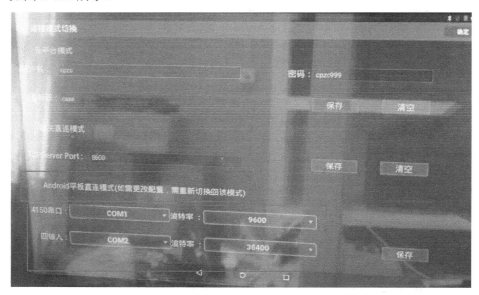

图 1-102　设置连接模式、串口号及波特率

③ 根据实际硬件连接情况，设置串口号、波特率，单击"保存"按钮。

需要注意的是，在 Android 平板直连模式下，如更改配置，需要重新切换一下模式，即先切换到其他模式，再切换到 Android 平板直连模式。

④ 设置通道。根据实际硬件连接情况进行通道设置，这里将人体通道设置为 DI0，风扇

1 通道设置为 DO0，风扇 2 通道设置为 DO1，温度通道设置为 IN3，湿度通道设置为 IN1，光照通道设置为 IN2，如图 1-103 所示。

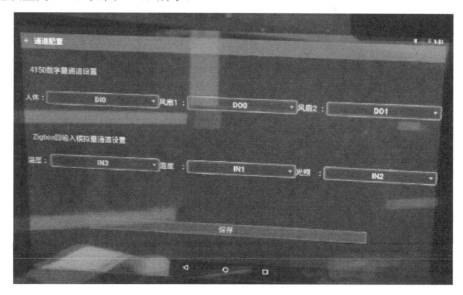

图 1-103　通道设置

步骤 4　获取传感器数据，如图 1-104 所示。如果获取不到传感器数据或者风扇不受控制，有可能是因为硬件通道没有对应上，需要重新进行通道设置。

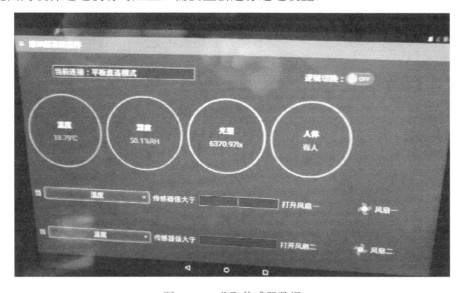

图 1-104　获取传感器数据

5）通过 ZigBee 无线网络与 PC 直连采集数据

（1）任务描述。

将 ZigBee 板烧写成协调器类型；将两个 ZigBee 智能节点盒中的一个烧写成传感器，将另一个烧写成继电器；通过协调器实现接收光照数据并控制 ZigBee 继电器的开关。

（2）设备清单（表 1-12）。

表 1-12　设备清单

序　号	设 备 名 称	数量及单位
1	ZigBee 协调器	1 块
2	ZigBee 智能节点盒+光照传感器	1 块
3	ZigBee 智能节点盒+继电器	1 块
4	灯泡+灯座	1 组

（3）线路连接图。

ZigBee 无线网络与 PC 直连接线图如图 1-105 所示。

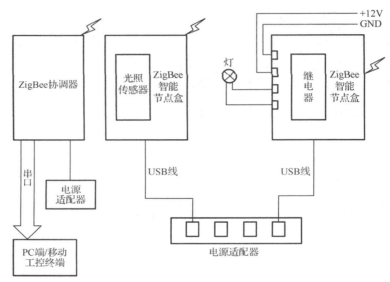

图 1-105　ZigBee 无线网络与 PC 直连接线图

（4）任务实施。

步骤 1　将一个 ZigBee 节点盒烧写成 ZigBee 传感器（烧写代码为 sensor.hex），并进行组网参数设置。双击 ，如图 1-106 所示，进行以下设置。

① 根据当前计算机设备管理器中显示的相应串口设备号来选择串口。

② 设置波特率，继电器的波特率为 9600，传感器及协调器的波特率为 38400。

③ 单击"连接模组"按钮，连接成功后继续设置。

④ 设置通道及 PAND ID，要求实训中所有传感器、继电器及协调器的通道及 PAND ID 保持一致。

⑤ 传感器不需要设置序列号。

⑥ 选择传感器类型，这里选择"光照"。

⑦ 单击"设置"按钮，即可完成传感器组网参数设置。

⑧ 可以单击"读取"按钮，查看读取是否成功，如图 1-107 所示。

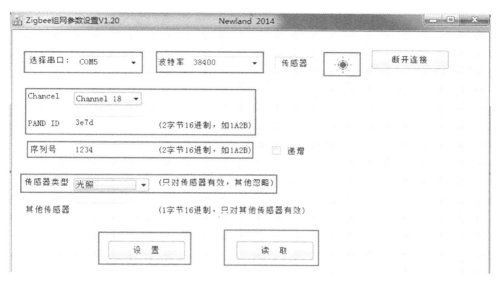

图 1-106 传感器组网参数设置

图 1-107 读取成功

步骤 2 将另一个 ZigBee 节点盒烧录成继电器（烧写代码为 relay.hex），并进行组网参数设置。如图 1-108 所示，进行以下设置。

① 选择串口，设置波特率，继电器的波特率为 9600。

② 设置通道及 PAND ID。

③ 设置继电器的序列号为 0001。

④ 继电器不需要设置传感器类型。

⑤ 单击"设置"按钮，即可完成继电器组网参数设置。

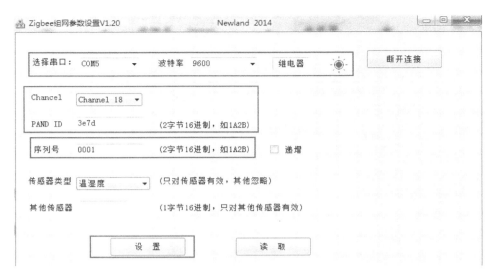

图 1-108　继电器组网参数设置

步骤 3　将 ZigBee 板烧写成协调器（烧写代码为 collector.hex），并进行组网参数设置。如图 1-109 所示，进行以下设置。

① 选择串口，设置波特率，协调器的波特率为 38400。
② 设置通道及 PAND ID。
③ 协调器不需要设置传感器类型。
④ 单击"设置"按钮，即可完成协调器组网参数设置。

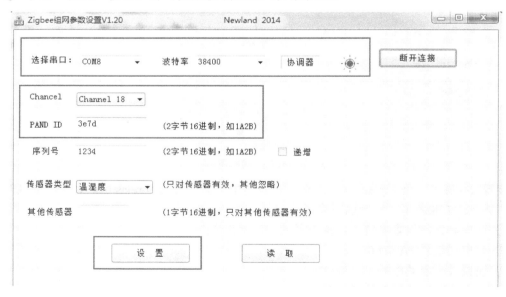

图 1-109　协调器组网参数设置

步骤 4　ZigBee 传感器数据获取及继电器控制。将 ZigBee 协调器通过串口与 PC 相连，打开 ZigBeeDemo.exe 程序，如图 1-110 所示；选择相应串口号，单击"获取"按钮，输入继电器序列号（0001，与组网参数设置一致），控制灯的开关，如图 1-111 所示。

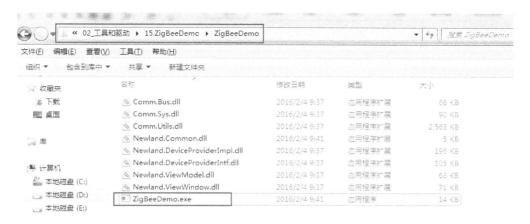

图 1-110 打开 ZigBeeDemo.exe 程序

图 1-111 获取光照值并控制灯的开关

 拓展

深入了解 ZigBee 协议

对于智能家居系统而言,最重要的控制协议就是硬件网关和各种智能家居终端设备之间的通信控制协议,本任务中采用的是 ZigBee 协议。ZigBee 协议是物联网专业学生必须深入学习的主要协议之一。

1. ZigBee 简介

大部分刚刚接触物联网技术的人对 ZigBee 有些陌生,ZigBee 是一个基于 IEEE 802.154 标准的低功耗局域网协议,是一种近距离、低功耗的无线通信技术。ZigBee 联盟成立于 2001 年。

就像 Bluetooth 一样,ZigBee 这个名字的来源也非常有趣。ZigBee 来源于 ZigZag,是一种蜜蜂的肢体语言。蜜蜂新发现一片花丛后会用"舞蹈"来告知同伴发现的食物种类及位置等信息,这是蜜蜂群体内部一种简单、高效的信息传递方式,因此 ZigBee 协议也称"紫蜂协议"。

2. ZigBee 的功能

2004 年,ZigBee 1.0 诞生,它是 ZigBee 的第一个版本。ZigBee 是一个可支持 65000 个无线节点的无线传感器网络平台,每一个 ZigBee 网络节点(路由节点,不包括传感器节点)类似移动网络中的一个基站,网络节点之间可以相互通信。网络节点间的最大距离是 75m,经扩展后可以达到几百米,甚至上千米。每个 ZigBee 网络节点不仅本身可以与监控对象连接,如与传感器连接进行数据采集和监控,而且可以自动中转别的网络节点传过来的信息。每个

ZigBee 网络节点可以在自己覆盖的范围内和多个不承担网络信息中转任务的节点（传感器节点）进行无线连接。

3．ZigBee 的特点

1）低功耗

在低耗电待机模式下，两节 5 号干电池可支持一个网络节点工作 6～24 个月，甚至更长，这是 ZigBee 的突出优势。相比较而言，蓝牙只能工作数周，Wi-Fi 仅可工作数小时。

2）低成本

通过大幅简化协议，降低了 ZigBee 对通信控制器的要求，按预测分析，以 8051 的 8 位微控制器测算，全功能节点需要 32KB 代码，子功能节点需要 4KB 代码。ZigBee 免协议专利费，每块芯片的价格大约为 2 美元。

3）低速率

ZigBee 工作在 20～250kbit/s 的速率下，服务于低速率传输数据的应用。

4）近距离

ZigBee 传输距离一般为 10～100m，在增大发射功率后，传输距离可以增加到 3km。这指的是相邻节点间的距离。如果通过路由节点接力，传输距离可以更大。

5）短时延

ZigBee 的响应速度较快，一般从睡眠转入工作状态只需 15ms，节点连接进入网络只需 30ms，进一步节省了电能。相比较而言，蓝牙需要 3～10s，Wi-Fi 需要 3s。

6）大容量

ZigBee 可采用星形、片状和网状网络结构，由一个主节点管理若干子节点，一个主节点最多可管理 254 个子节点；同时，主节点还可由上一层网络节点管理，最多可组成有 65000 个节点的网络。

7）高安全性

ZigBee 提供了三级安全模式，包括无安全设定，使用访问控制清单防止非法获取数据，采用高级加密标准（AES128）的对称密码。

8）免执照频段

使用工业科学医疗（ISM）频段：915MHz（美国）、868MHz（欧洲）、2.4GHz（全球），这三个频段的信道带宽不同，分别为 0.6MHz、2MHz 和 5MHz，分别有 1 个、10 个和 16 个信道。

4．物联网数据采集网关

下面主要介绍物联网数据采集网关（简称网关）相关程序的烧写、配置，ZigBee 模块的烧写、配置，网关数据的采集与控制，以及 Android 终端配置网关直连操作。

1）了解网关及其结构

（1）任务描述。

了解网关和网关的结构。

（2）任务实施。

① 网关。

物联网数据采集网关支持 Wi-Fi、以太网、ZigBee、USB、RFID、蓝牙等通信功能，支持电容触摸屏，电源电压为 12V，网关正面如图 1-112 所示。

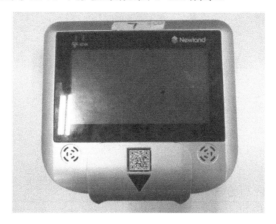

图 1-112　网关正面

② 网关的结构。

网关背面两侧有两个带有螺钉的盖子，内嵌了网口、电源口、USB 口，需要使用配套的工具将盖子拧开，才可使用其中的端口，如图 1-113 所示。

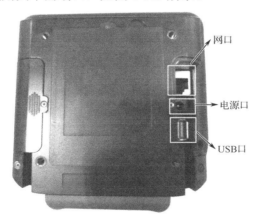

图 1-113　网关背面

网关底部有 Debug 调试口、485 接口、电源按键、CAN 口，如图 1-114 所示。

其中，Debug 调试口可用专门的调试线连接到计算机进行调试；485 接口可通过接线端子及红、黑线连接到 ADAM-4150/ADAM-4017+模块，实现数据采集或控制；电源按键用于开机和关机，需要长按 8s 进行关机，长按 3s 进行开机；CAN 口遵守 CAN 总线协议，这是一种用于实时应用的串行通信协议总线，能够实现不同元件之间的通信，从而实现数据通信及设备控制，主要应用于汽车制造、大型仪器设备、工业控制等领域。

图 1-114 网关底部

2）网关程序烧写

（1）任务描述。

了解网关相关程序的烧写方法。

（2）设备清单（表 1-13）。

表 1-13 设备清单

序 号	设 备 名 称	数量及单位
1	网关	1 台
2	计算机	1 台
3	无线路由器	1 台

（3）任务实施。

网关程序烧写方法有以下两种。

一种是通过 U 盘对网关设备进行固件烧写，固件烧写的程序整合了网关各功能的程序，通过 U 盘一次性烧写，将网关所有功能进行更新。

另一种是通过 SecureCRT 工具对网关设备进行单个程序的烧写。

① 通过 U 盘烧写固件。

步骤 1 在程序资料中找到网关的程序（"10_固件"文件夹），打开其中的"U 盘固件"，找到 education 文件夹，如图 1-115 所示，将其复制到 U 盘上（注意，该 U 盘不能是系统启动盘）。

图 1-115 education 文件夹

步骤2 将 U 盘插入网关的 USB 口，进入网关的"系统设置"→"固件更新"，点击"更新固件"按钮，烧写完成后重启网关即可，如图 1-116 所示。

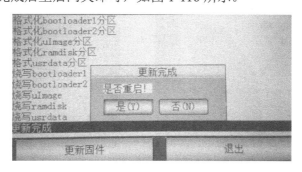

图 1-116 固件更新完成

② 通过 SecureCRT 工具烧写程序。

将网关设备与计算机连接，使计算机端能够通过 SecureCRT 工具使用 Telnet 协议远程登录网关，进行网关程序的烧写。

步骤1 将网关设备的以太网口与计算机的以太网口通过双绞线连接。

步骤2 进入网关的"以太网设置"界面。

首先进入网关的配置主界面，然后选择"系统设置"→"以太网设置"，如图 1-117 所示。

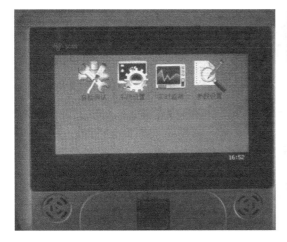

图 1-117 选择"系统设置"→"以太网设置"

步骤3 在"以太网设置"界面选择"TELNET 服务"，如图 1-118 所示，开启网关的 Telnet 服务，如图 1-119 所示。

步骤4 设置网关的以太网连接参数。

网关与计算机的 IP 地址必须设置在同一个网段，不要选择 DHCP（自动获取 IP 地址），分别设置网关的 IP 地址、子网掩码信息，其他信息不需要设置，如图 1-120 所示。

步骤5 设置计算机的 IP 地址，一定要与网关的 IP 地址在同一网段，如图 1-121 所示。

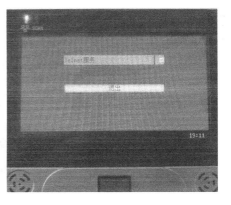

图 1-118　选择"TELNET 服务"　　　　图 1-119　开启网关的 Telnet 服务

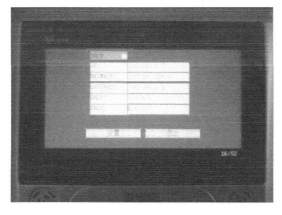

图 1-120　设置网关的 IP 地址　　　　图 1-121　设置计算机的 IP 地址

步骤 6　打开"网关烧写工具"目录下的 SecureCRT 工具，新建连接，协议选择 Telnet，主机名设置为网关的 IP 地址，端口设置为 23，进行连接，如图 1-122 所示。如连接不成功，则需要检查 IP 地址的设置及计算机防火墙的设置（可以关闭防火墙）。

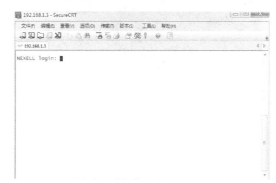

图 1-122　计算机与网关连接

步骤 7　首先输入用户名（root）并回车，登录成功后，输入命令 cd/usr/local/lib/cfg/app/App3，切换到 App3 目录，然后通过 ls 命令查看 App3 目录下的文件，如图 1-123 所示，网关固件文件存放在该目录中。

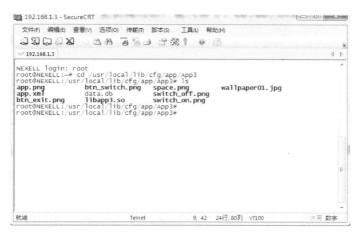

图 1-123　查看 App3 目录下的文件

步骤 8　输入命令 lrz －e，弹出文件选择窗口，选择需要上传到网关的文件（可以多选），单击"添加"按钮，然后单击"确定"按钮进行上传，如图 1-124 所示。

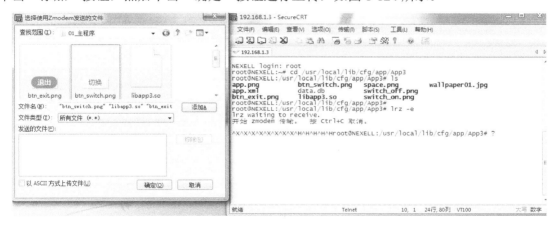

图 1-124　选择文件进行上传

步骤 9　文件上传后，可以使用 ls 命令查看上传是否成功，如图 1-125 所示。如果 App3 目录中已经存在固件文件，则需要先使用 rm 命令删除（图 1-126），然后重新上传。

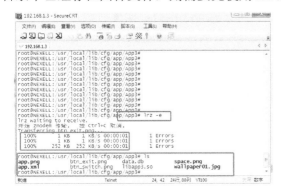

图 1-125　上传成功

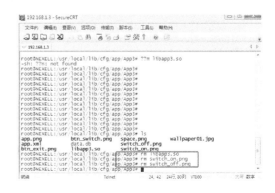

图 1-126　删除固件文件

3）ZigBee 模块烧写

（1）任务描述。

掌握 ZigBee 模块的烧写、配置方法，能利用 ZigBee 模块组成一个无线传感网络。

（2）任务实施。

将 ZigBee 光照传感器烧写成传感器类型，将 ZigBee 继电器烧写成继电器类型。黑色的 ZigBee 板是四输入模拟量类型的，这里需要将其烧写为传感器类型，其接收的温湿度与光照传感器值通过无线传感网络传输到网关的协调器。

对这几个 ZigBee 模块进行配置，其 PAND ID 及通道号需要与物联网数据采集网关中的"协调器参数"保持一致，并将 ZigBee 继电器的序列号设置为"0001"。

4）网关数据采集与控制

（1）任务描述。

使用网关设备实现数据的采集与控制。

（2）设备清单（表 1-14）。

表 1-14　设备清单

序　　号	设 备 名 称	数量及单位
1	网关	1 个
2	ZigBee 智能节点盒+光照传感器	1 个
3	ZigBee 智能节点盒+继电器	1 个
4	灯泡+灯座	1 组
5	ADAM-4150 数字量采集器	1 个
6	继电器	2 个
7	人体红外传感器	1 个

（3）设备连线图。

网关数据采集与控制设备线路连接图如图 1-127 所示。

（4）任务实施。

通过 485 连接线将 ADAM-4150 连接到网关，网关通过无线网络连接到 ZigBee 智能节点盒，实现网关对有线数据及无线数据的采集与控制。

步骤 1　使用 485 连接线将 ADAD-4150 连接到网关的 485 接口，实现有线连接。

步骤 2　设置网关的协调器参数，实现网关与 ZigBee 智能节点盒的无线连接。以网关内嵌的 ZigBee 模块作为协调器，以外部配置的 ZigBee 模块作为节点进行无线组网，无线传感网络界面显示的就是 ZigBee 模块所采集的传感值，以及 ZigBee 模块的继电器的控制开关。

首先在网关配置主界面中选择"参数设置"，如图 1-128 所示；然后选择"协调器参数"，如图 1-129 所示；进入网关协调器参数设置界面，输入 PAND ID 与通道号，如图 1-130 所示。

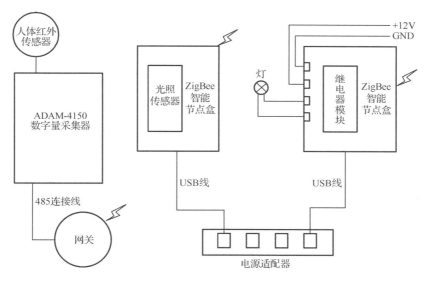

图 1-127　网关数据采集与控制设备线路连接图

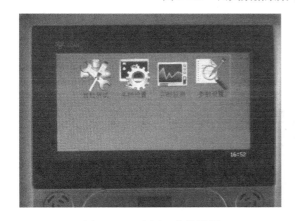

图 1-128　选择"参数设置"

图 1-129　选择"协调器参数"

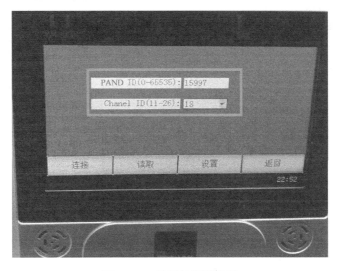

图 1-130　设置协调器参数

这里的 PAND ID 与通道号一定要与 ZigBee 智能节点盒的组网参数保持一致。要注意的是 PAND ID 在 ZigBee 智能节点盒配置组网参数时使用的是十六进制，在设置网关协调器的 PAND ID 时使用的是十进制，需要进行数制转换。例如，ZigBee 智能节点盒在配置组网参数时设置的 PAND ID 为 3e7d（十六进制），经过数制转换后的十进制数值为 15997，则网关协调器的 PAND ID 就应设置为 15997。

步骤 3 数据采集与控制。

在网关配置主界面中选择"实时监测"，如图 1-131 所示。这时可以看到有线传感数据，如图 1-132 所示，点击"切换"按钮，可以到切换到无线传感数据，如图 1-133 所示。

图 1-131 选择"实时监测"

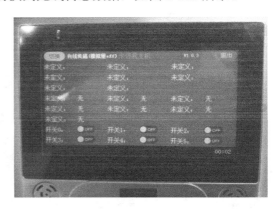

图 1-132 有线传感数据

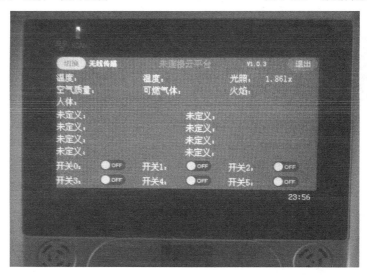

图 1-133 无线传感数据

5）Android 移动终端与网关直连数据采集及控制

（1）任务描述。

将 Android 移动终端、网关配置到同一个无线局域网中，将传感器数据与继电器控制数据通过网关传输到 Android 移动终端，实现网关与 Android 移动终端同时监测和控制数据。

（2）任务实施。

步骤1 配置无线路由器，创建无线局域网。

① 使用双绞线将计算机连接到无线路由器的任意一个 LAN 口，如图 1-134 所示。

图 1-134 将计算机连接到无线路由器

② 登录无线路由器的配置页面，设置无线路由器的参数。

将计算机的 IP 地址设置在无线路由器默认配置地址的相同网段中，如图 1-135 所示；在计算机网页浏览器中访问无线路由器的默认配置地址（一般为 192.168.1.1），登录无线路由器的配置页面，如图 1-136 所示。单击"路由模式"进行路由器参数配置，如图 1-137 所示。启用 DHCP，实现自动分配 IP 地址；设置无线名称、无线加密。

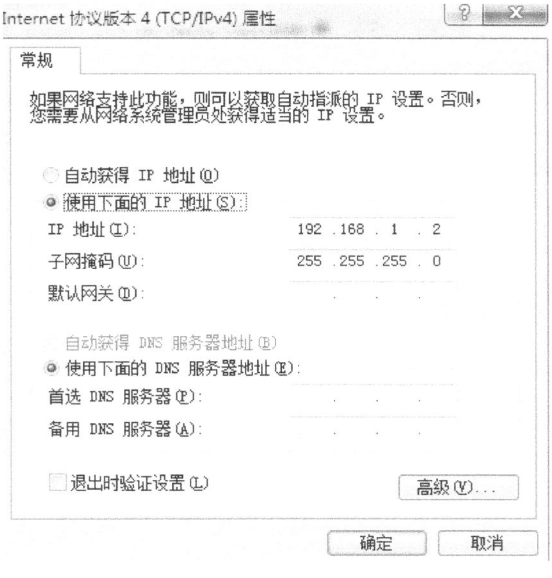

图 1-135 设置计算机 IP 地址

步骤2 将 Android 移动终端连接到无线局域网，如图 1-138 所示。

图 1-136　无线路由器配置页面

图 1-137　配置路由器参数

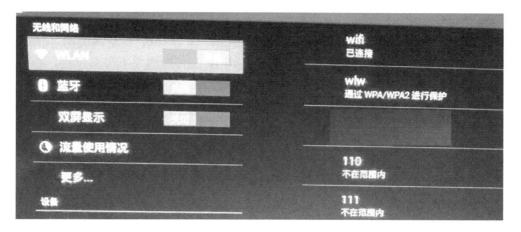

图 1-138 将 Android 移动终端连接到无线局域网

步骤 3 将网关连接到无线局域网。

① 在网关配置主界面，选择"系统设置"→"WIFI 设置"，进入 Wi-Fi 设置界面，选择"开启服务"，如图 1-139 和图 1-140 所示。

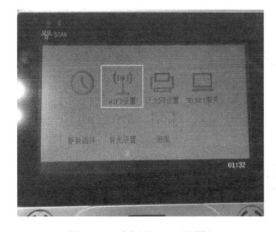

图 1-39 选择"WIFI 设置"

图 1-140 开启 Wi-Fi 服务

② 开启 Wi-Fi 服务后，点击"配置"按钮，选择"创建新连接"，然后选择所配置的无线局域网，如图 1-141 所示。

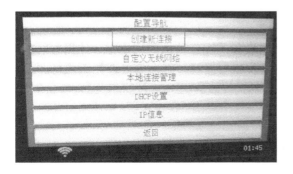

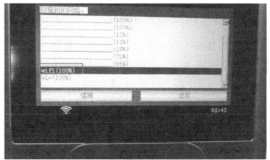

图 1-141 将网关连接到无线局域网

步骤 4 配置网关连接参数。

在网关配置主界面中选择"参数设置",然后选择"连接参数",将网关的主 IP 设置为 Android 移动终端的 IP 地址,主端口为 8600,备用 IP 及备用端口不需要设置,如图 1-142 所示。

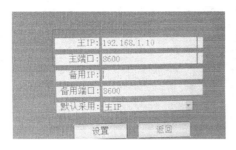

图 1-142 网关连接参数的设置

步骤 5 配置 Android 移动终端的连接模式,如图 1-143 所示,实现数据监测与数据控制,如图 1-144 所示。

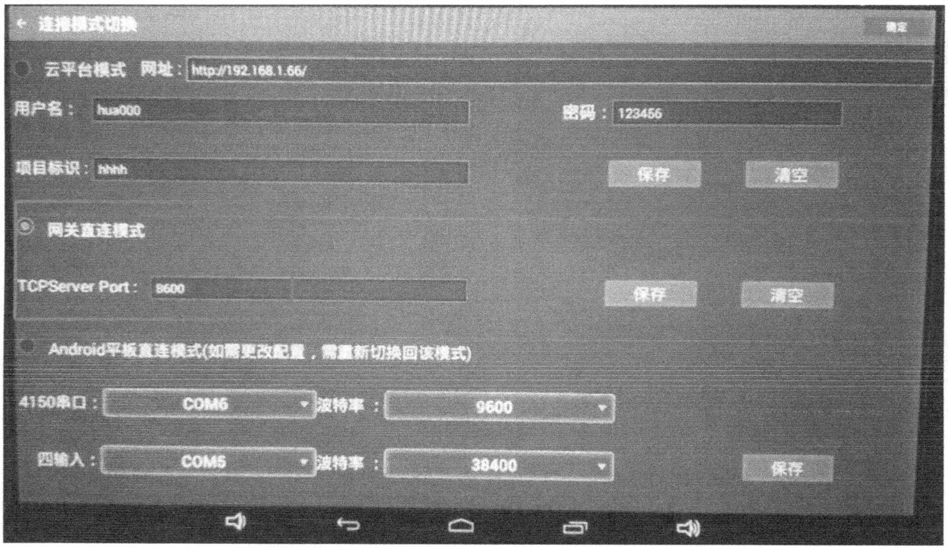

图 1-143 配置 Android 移动终端的连接模式

5. 物联网云服务平台

通过 Web 服务器、数据库服务器将各种物联网设备的操作移植到网络中,使用户可以通过访问云服务平台(网络)对物联网设备进行数据监测与控制。下面主要介绍云服务平台的搭建、用户管理、网关管理、传感器与执行器的添加,以及云服务平台的相关知识。

1)云服务平台的搭建

(1)任务描述。

本任务主要完成 IIS Web 服务器的安装及配置、SQL Server 2008 数据库的安装及配置、云服务平台的搭建等。

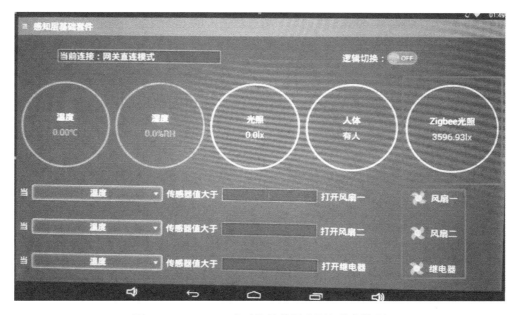

图 1-144 Android 移动终端数据监测与数据控制

（2）任务实施。

① 关闭 Windows 7 防火墙。

步骤 1 打开"控制面板"→"Windows 防火墙"，在左侧选择"打开或关闭 Windows 防火墙"，如图 1-145 所示。

图 1-145 选择"打开或关闭 Windows 防火墙"

步骤 2　选中"关闭 Windows 防火墙"单选按钮，单击"确定"按钮，如图 1-146 所示。

图 1-146　关闭 Windows 防火墙

② 安装 Internet 信息服务（IIS）管理器。

步骤 1　打开"控制面板"→"程序和功能"，单击左侧的"打开或关闭 Windows 功能"，如图 1-147 所示。

图 1-147　单击"打开或关闭 Windows 功能"

步骤 2 选中"Internet Information Services 可承载的 Web 核心"复选框，选中"Internet 信息服务"下的所有选项，如图 1-148 所示，单击"确定"按钮进行安装。

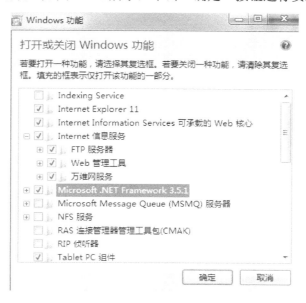

图 1-148 设置 Windows 功能

③ 安装 Microsoft .NET Framework 4。

步骤 1 运行"doNetFx40_Full_x86_x64.exe"，在安装程序界面中选中"我已阅读并接受许可条款"复选框，如图 1-149 所示。

图 1-149 Microsoft .NET Framework 4 安装程序界面

步骤 2 单击"安装"按钮开始安装，并显示安装进度，安装完毕后单击"完成"按钮结束安装，如图 1-150 所示。

图 1-150　Microsoft .NET Framework 4 安装完毕

④ 安装并配置 SQL Server 2008。

步骤 1　双击安装包中的安装文件，开始 SQL Server 2008 的安装，如图 1-151 所示。

ia64	2012/2/24 8:44	文件夹
x64	2012/2/24 8:45	文件夹
x86	2012/2/24 8:47	文件夹
autorun	2008/7/4 6:18	安装信息	1 KB
MediaInfo	2008/8/1 17:20	XML 文档	1 KB
Microsoft.VC80.CRT.manifest	2008/7/1 8:38	MANIFEST 文件	1 KB
msvcr80.dll	2008/7/1 8:49	应用程序扩展	621 KB
Readme	2008/7/7 11:15	360seURL	15 KB
setup	2008/7/10 10:49	应用程序	105 KB
setup.rll	2008/7/10 10:49	应用程序扩展	19 KB

图 1-151　开始安装

步骤 2　提示兼容性问题时，单击"运行程序"按钮，如图 1-152 所示。

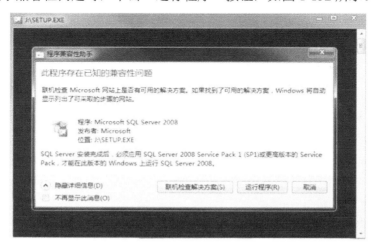

图 1-152　提示兼容性问题

步骤 3　进入 SQL Server 2008 安装程序后选择左侧的"安装"，在右侧选择"全新 SQL Server 独立安装或向现有安装添加功能"，再次提示兼容性问题时单击"运行程序"按钮。进入"安装程序支持规则"界面，安装程序将自动检测安装环境基本支持情况，当所有检测都通过后，单击"确定"按钮，如图 1-153 所示。

图 1-153　"安装程序支持规则"界面

步骤 4　进入"产品密钥"界面，输入产品密钥，单击"下一步"按钮。进入"许可条款"界面，选中"我接受许可条款"复选框，单击"下一步"按钮，如图 1-154 所示。

图 1-154　"许可条款"界面

步骤 5 "安装程序支持文件"界面如图 1-155 所示，在这里检测并安装 SQL Server 2008 所需要的组件。

图 1-155 "安装程序支持文件"界面

步骤 6 单击"安装"按钮，当检测都通过之后才能继续下一步安装，如果检测未通过，需要更正才能继续安装。单击"下一步"按钮进入"安装类型"界面，默认选中"执行 SQL Server 2008 的全新安装"单选按钮，如图 1-156 所示。

图 1-156 "安装类型"界面

步骤 7 单击"下一步"按钮进入"功能选择"界面,单击"全选"按钮,如图 1-157 所示。单击"下一步"按钮进入"实例配置"界面,选择"默认实例"。

图 1-157 "功能选择"界面

步骤 8 单击"下一步"按钮进入"磁盘空间要求"界面,其中会显示磁盘使用情况。单击"下一步"按钮进入"服务器配置"界面,单击"对所有 SQL Server 服务使用相同的账户"按钮,输入此计算机的用户名和密码才能通过检测,如图 1-158 所示。

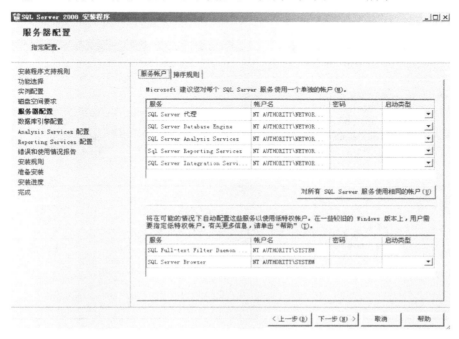

图 1-158 "服务器配置"界面

物联网设备安装与调试

步骤9　单击"下一步"按钮进入"数据库引擎配置"界面，"身份验证模式"选择"混合模式（SQL Server 身份验证和 Windows 身份验证）"，并在"输入密码"和"确认密码"文本框中输入"123456"，单击"添加当前用户"按钮，如图 1-159 所示。

图 1-159　"数据库引擎配置"界面

步骤10　按照默认设置，依次单击"下一步"按钮，安装过程可能持续 10～30min。安装结束后需要对数据库进行配置，单击"开始"→"配置工具"→"配置管理器"，完成配置，如图 1-160 所示。

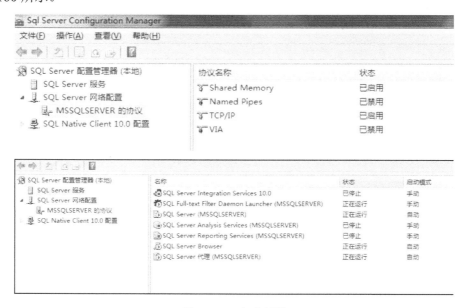

图 1-160　完成配置

⑤ 搭建云平台。

步骤 1　打开 IIS Web 服务器，在左侧右击"网站"并选择"添加网站"命令，如图 1-161 所示。

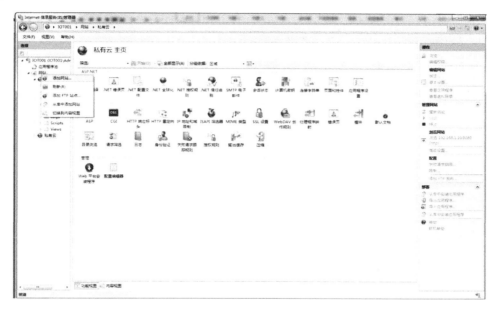

图 1-161　添加网站

步骤 2　设置网站属性，如图 1-162 所示。

图 1-162　设置网站属性

标记"1"处输入网站名称。

标记"2"处选择应用程序池为 ASP.NET v4.0。

标记"3"处选择网站文件所在的物理路径 [例如，网站的物理路径是"D:\典型物联网实训套件（智慧农业）U 盘资料 V1.4\典型物联网实训套件（智慧农业）U 盘资料\03_软件安装包\02_服务器\02_云服务平台\INewCloud_v2.3.6\INewCloud"]。

标记"4"处选择服务器（本机）的 IP 地址。

标记"5"处使用默认的 80 端口。

单击"确定"按钮，完成网站的添加，如图 1-163 所示。

图 1-163　完成网站的添加

打开网站，如图 1-164 所示。

图 1-164　打开网站

如出现如图 1-165 所示的错误，可重启计算机，并重新访问网站。

图 1-165 出现错误

步骤 3 设置网关访问私有云的通信 IP 地址与端口,首先在 IIS 管理器中右击"私有云",选择"浏览"命令,如图 1-166 所示;打开私有云网站的目录,如图 1-167 所示;在该目录中打开 Web.config 文件,如图 1-168 所示,这里的 IP 地址为服务器的 IP 地址,使用默认的 8600 端口。

图 1-166 选择"浏览"命令

图 1-167 私有云网站的目录

```
Web.config - 记事本
文件(F) 编辑(E) 格式(O) 查看(V) 帮助(H)
<?xml version="1.0" encoding="utf-8"?>
<!--
  有关如何配置 ASP.NET 应用程序的详细信息，请访问
  http://go.microsoft.com/fwlink/?LinkId=301879
  -->
<configuration>

  <appSettings>
    <add key="webpages:Version" value="3.0.0.0" />
    <add key="webpages:Enabled" value="false" />
    <add key="ClientValidationEnabled" value="true" />
    <add key="UnobtrusiveJavaScriptEnabled" value="true" />
    <add key="DbName" value="NewlandCloud" />
    <!--最大允许输错账户次数，超过该次数，用户将被锁定-->
    <add key="MaxErrorPasswordCount" value="10" />
    <!--管理员角色名称-->
    <add key="AdminRoleName" value="管理员" />
    <!--普通人员角色-->
    <add key="NormalRoleName" value="普通人员 " />
    <!--网关通信ip地址与端口，下方ＩＰ为服务器地址-->
    <add key="SocketIp" value="192.168.1.10" />
    <!--新大陆网关的端口，该端口是网关访问端口与网关设置保持一致，与ＷＥＢ服务器的端口无关-->
    <add key="SocketPort" value="8600" />
```

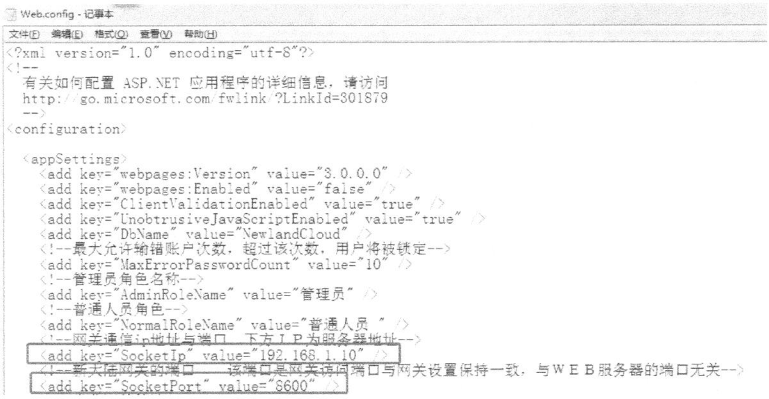

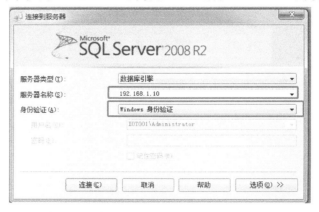

图 1-168　Web.config 文件

⑥ 附加私有云所需数据库文件。

步骤 1　登录 SQL Server Management Studio，如图 1-169 所示，“服务器名称”选择服务器的 IP 地址（一般为本机的 IP 地址），“身份验证”选择“Windows 身份验证”即可。

图 1-169　登录 SQL Server Management Studio

步骤 2　登录后，右击“数据库”，选择“附加”命令，如图 1-170 所示，打开“附加数据库”窗口，如图 1-171 所示；单击“添加”按钮，打开“定位数据库文件”对话框，如图 1-172 所示；选中数据库文件后，单击“确定”按钮，完成数据库文件（INewlandCloud.mdf）的附加（图 1-173）。

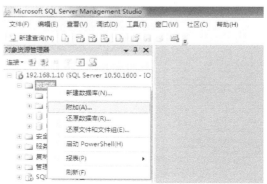

图 1-170　选择“附加”命令

图 1-171 "附加数据库"窗口

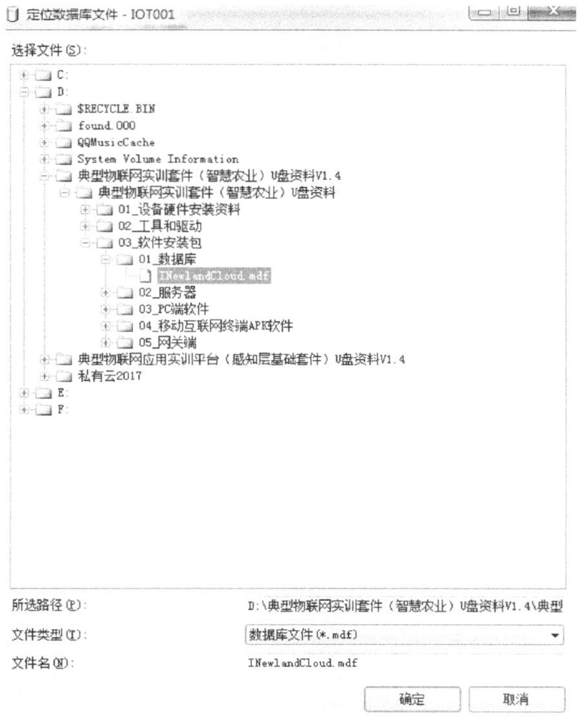

图 1-172 "定位数据库文件"对话框

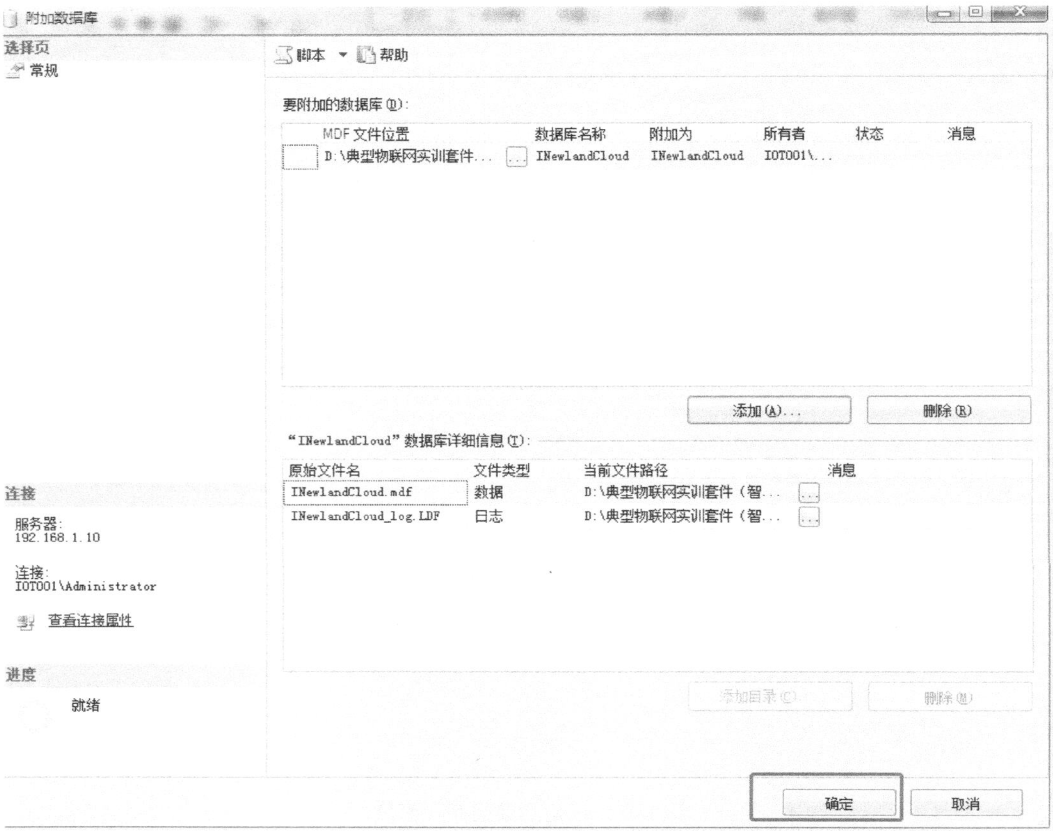

图 1-173　完成数据库文件的附加

步骤 3　刷新数据库。

完成数据库的附加后，数据库并不会显示在数据列表中，需要右击"数据库"，选择"刷新"命令，如图 1-174 所示。

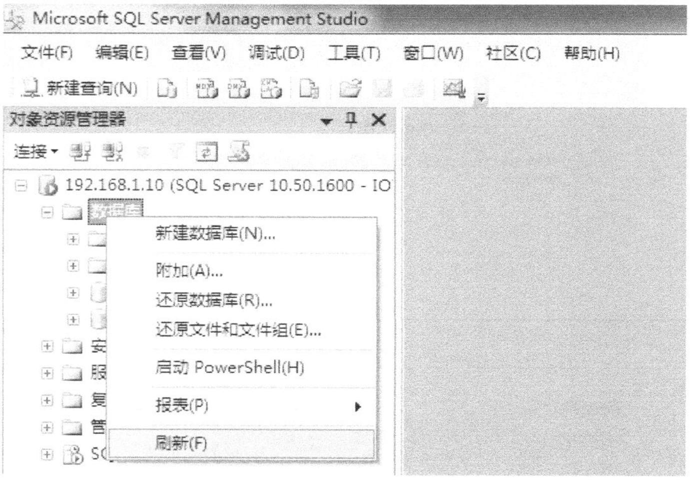

图 1-174　刷新数据库

2）用户管理

（1）任务描述。

了解用户管理，并掌握用户注册、用户登录、用户信息查看、用户退出的方法。

（2）任务实施。

步骤1　访问私有云平台，如图1-175所示；单击"注册"，弹出用户注册界面，如图1-176所示，按表单要求输入相关信息，单击"免费注册"按钮完成新用户的注册。

图1-175　访问私有云平台

图1-176　用户注册界面

步骤 2　使用新注册的用户登录私有云平台，如图 1-177 所示；登录成功后，进入"网关管理"页面，如图 1-178 所示。

图 1-177　登录私有云平台

图 1-178　"网关管理"页面

3）网关管理

（1）任务描述。

对网关进行新增、删除、编辑等操作。

（2）任务实施。

步骤 1　新增网关。

在图 1-178 所示的页面中单击"新增"按钮，进入"编辑网关"页面，如图 1-179 所示。"网关类型"选择"新大陆网关"，"网关名称"可自行设定，"网络标识"是指网关的序列号，"轮询时间"使用默认的设置即可，单击"提交"按钮完成网关的添加。

图 1-179　"编辑网关"页面

网关添加完成后，刷新网页，网关上线，状态灯点亮，如图 1-180 所示。

图 1-180　网关上线

步骤 2　编辑网关。

在"网关管理"页面中选择一个已存在的网关，单击"编辑"，如图 1-181 所示，打开"编辑网关"页面，如图 1-182 所示。

图 1-181　"网关管理"页面

图 1-182 "编辑网关"页面

步骤 3 删除网关。

在"网关管理"页面中选择一个已存在的网关，单击"删除"，可进行网关删除操作（如果此网关下还有传感器与控制器或网关在线，须网关离线、删除全部传感器和控制器后，才能删除网关），如图 1-183 所示。

图 1-183 删除网关

4）添加传感器

（1）任务描述。

掌握如何添加传感器，并了解 ZigBee 通信协议。

（2）任务实施。

步骤 1 进入"设备管理"页面。

这里是在已有网关下添加传感器。进入"网关管理"页面，选择要添加传感器的网关，单击"设备管理"，如图 1-184 所示，打开"设备管理"页面，如图 1-185 所示，单击 ➕（注意，此时需要网关离线，退出网关实时监测界面后刷新云平台网页即可），进入"传感器信息"页面，如图 1-186 所示。

图 1-184 单击"设备管理"

图 1-185 "设备管理"页面

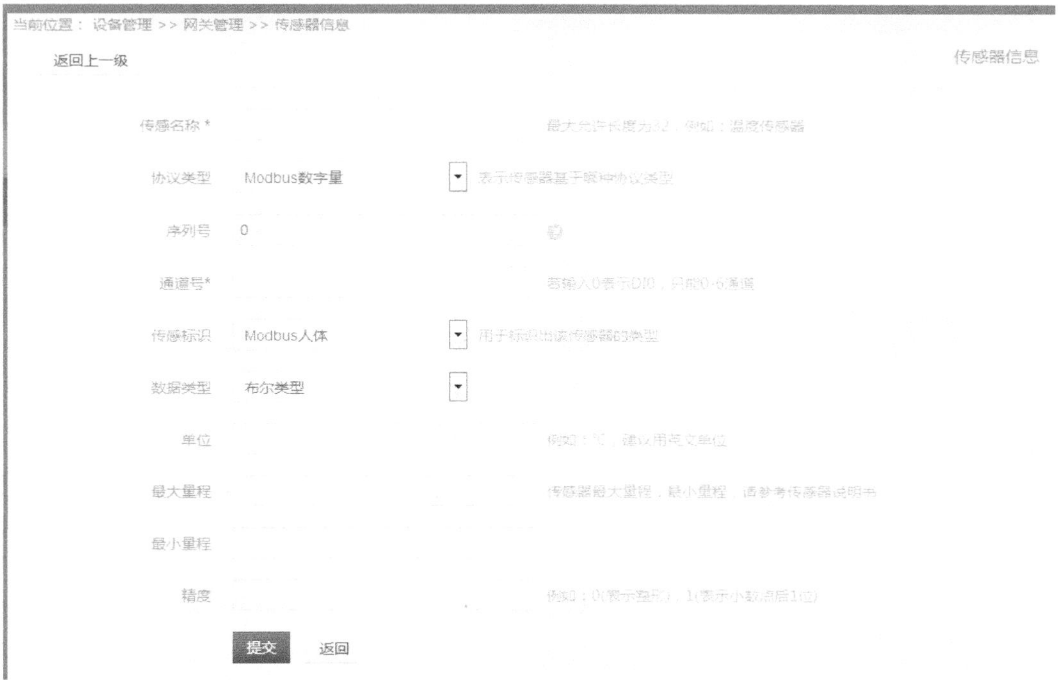

当前位置：设备管理 >> 网关管理 >> 传感器信息

返回上一级 传感器信息

传感名称 * 最大允许长度为12，例如：温度传感器

协议类型 Modbus数字量 表示传感器基于什么协议类型

序列号 0 ⑦

通道号* 只能输入0等于或小于0，只限0~6通道

传感标识 Modbus人体 用于标识出该传感器的类型

数据类型 布尔类型

单位 例如：℃，建议用英文单位

最大量程 传感器最大量程，最小量程，请参考传感器说明书

最小量程

精度 例如：0(表示整形)，1(表示小数点后1位)

提交 返回

图 1-186 "传感器信息"页面

步骤 2 不同协议类型传感器的添加方法及注意事项。

可添加 3 种不同协议类型的传感器，协议类型有 Modbus 数字量、Modbus 模拟量、ZigBee。Modbus 数字量传感器包括有线人体传感器、有线火焰和烟雾传感器等，属于有线传感器中有 0、1 两种状态的传感器；Modbus 模拟量传感器包括温度传感器、湿度传感器等，属于有线传感器中具有数值显示的传感器；ZigBee 是无线传感器。

① 添加人体传感器，协议类型为 Modbus 数字量，如图 1-187 所示，完成以下操作。

- 在"传感名称"文本框中输入相应的名称。
- 选择协议类型为"Modbus 数字量"。
- 序列号可以根据用户设备连接情况进行选择，Modbus 数字量与 Modbus 模拟量不需要对序列号进行设置。ZigBee 需要设置序列号，将鼠标指针移至 处，会显示说明文字。
- 通道号。

Modbus 数字量有 7 个通道，为 DI0～DI6，根据具体的配置进行设置。

图 1-187 添加人体传感器

- 传感标识。

注意：传感标识一定要设置正确，因为本案例通过云服务平台根据传感标识来获取数据，这里选择"Modbus 人体"。

- 数据类型。

数据类型分为数值型和布尔型。因为人体触发只有两种状态，所以这里选择"布尔类型"。

- 其他。

单位、最大量程、最小量程和精度在 Modbus 数字量协议中不需要设置，单击"提交"按钮，人体传感器添加完成，如图 1-188 所示。

图 1-188 人体传感器添加完成

② 添加协议类型为 ZigBee 的传感器。

添加四通道光照传感器，如图 1-189 所示。

协议类型选择"ZigBee"。

序列号不需要更改。

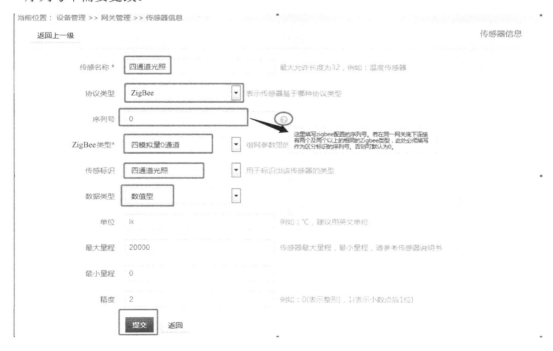

图 1-189 添加四通道光照传感器

ZigBee 类型选择"四模拟量 0 通道"。

传感标识选择"四通道光照"。

数据类型选择"数值型"。

设置完成后,单击"提交"按钮。

添加四通道温度传感器,具体操作过程和前面类似,如图 1-190 所示。

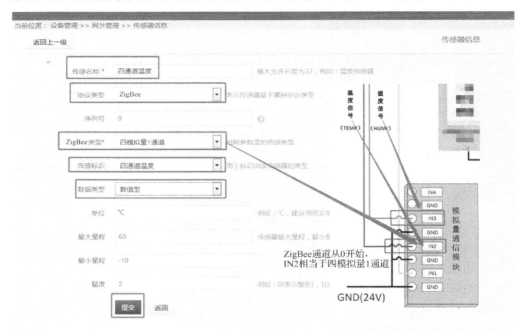

图 1-190　添加四通道温度传感器

添加四通道湿度传感器,如图 1-191 所示。

图 1-191　添加四通道湿度传感器

添加 ZigBee 光照传感器，如图 1-192 所示。

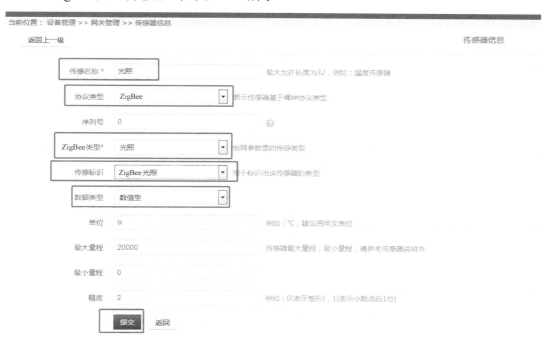

图 1-192　添加 ZigBee 光照传感器

将配置下发到网关，如图 1-193 所示。

图 1-193　将配置下发到网关

5）添加执行器

（1）任务描述。

掌握添加执行器的方法。

（2）任务实施。

在已有网关下添加执行器，打开"网关管理"页面，选择要添加执行器的网关，单击"设备管理"，如图 1-194 所示，进入"设备管理"页面，如图 1-195 所示。

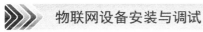

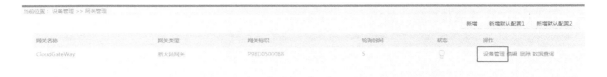

图 1-194 单击"设备管理"

图 1-195 "设备管理"页面

单击  进入"执行器信息"页面（如提示网关需要离线，须退出网关实时监测界面后刷新云平台网页），如图 1-196 所示，输入执行器名称"风扇执行器 1"，选择协议类型，通道号选择和连线图对应，然后单击"提交"按钮。

图 1-196 "执行器信息"页面

用相同的方法添加风扇执行器 2，如图 1-197 所示。

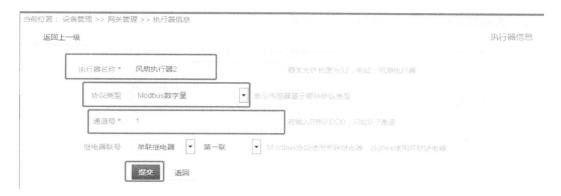

图 1-197　添加风扇执行器 2

添加灯执行器，由于灯是通过 ZigBee 继电器控制的，继电器的通道号必须是 0001，如图 1-198 所示。

图 1-198　添加灯执行器

执行器添加完成，如图 1-199 所示。

图 1-199　执行器添加完成

执行器的编辑如图 1-200 所示。

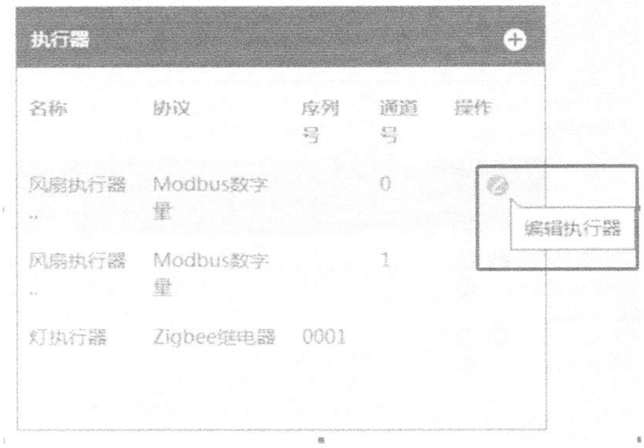

图 1-200 执行器的编辑

6）云平台综合案例演示

（1）任务描述。

通过云平台综合案例演示，使学生能够独立操作云平台，掌握云平台连接模式的配置方法，了解云平台的基本概念。

（2）任务实施。

步骤 1 在云平台中添加项目。

在云平台首页选择"云服务平台"，如图 1-201 所示；然后选择"项目管理"，单击"新增项目"按钮，如图 1-202 所示。

图 1-201 选择"云服务平台"

图 1-202 单击"新增项目"按钮

打开"新增项目"页面，如图 1-203 所示。

标记 1 处输入项目名称。

标记 2 处输入项目标识（不能用中文）。

标记 3 处选择"CloudGateWay"。

标记 4 处选择是否将本项目公开到局域网中。

标记 5 处输入云平台 IP 地址及端口号（80 为默认端口号，可以省略）。

图 1-203 "新增项目"页面

设置完成后，单击"提交"按钮，完成新增项目，如图 1-204 所示。

图 1-204 完成新增项目

此时须进入网关实时监测界面并刷新网页。

步骤 2 创建"标准案例"网站。

这里需要标准案例的 Web 文件（StandardCase_V1.1.0 文件夹）。首先打开 IIS 管理器，右击"网站"并选择"添加网站"命令，如图 1-205 所示，打开"添加网站"对话框，如图 1-206 所示。

图 1-205 选择"添加网站"命令

图 1-206 "添加网站"对话框

物理路径为 Web 文件所在路径。设置完成后单击"确定"按钮，完成"标准案例"网站的添加。

右击"标准案例"并选择"浏览"命令，如图 1-207 所示。

图 1-207 选择"浏览"命令

打开目录后，选择 Web.config 文件，如图 1-208 所示。

名称	修改日期	类型	大小
bin	2015/11/4 14:08	文件夹	
Config	2015/11/4 14:08	文件夹	
Content	2015/11/4 14:08	文件夹	
img	2015/11/4 14:08	文件夹	
log	2019/1/24 15:50	文件夹	
Scripts	2015/11/4 14:08	文件夹	
Views	2015/11/4 14:08	文件夹	
Global.asax	2015/11/2 11:15	ASP.NET Server ...	1 KB
packages.config	2015/11/2 11:29	CONFIG 文件	4 KB
Web.config	2015/11/13 15:15	CONFIG 文件	6 KB

图 1-208　选择 Web.config 文件

修改 Web.config 文件中的 API 地址为私有云服务器的 IP 地址，如图 1-209 所示。

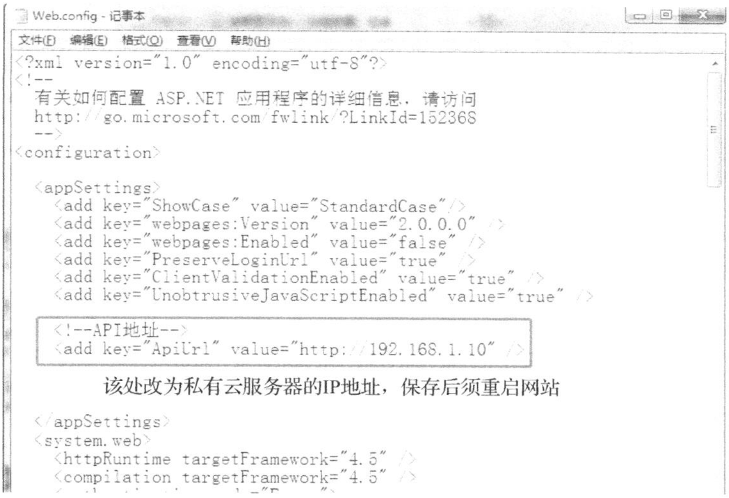

图 1-209　修改 API 地址为私有云服务器 IP 地址

重新启动"标准案例"网站，如图 1-210 所示。

图 1-210　重新启动"标准案例"网站

浏览"标准案例"，如图 1-211 所示。

图 1-211　浏览"标准案例"

打开"标准案例"网站用户登录界面，如图 1-212 所示。

用户登录

用户名*　user000

密码*　●●●●●●

项目标识*　standCase

验证码*　rhx8　　　　　　rhx8

登　录

图 1-212　"标准案例"网站用户登录界面

登录后进入实时监测界面，如图 1-213 所示。

7）Android 移动终端综合案例演示

（1）任务描述。

通过对移动工控终端、网关、云平台的配置，将网关显示的数据信息传输到移动工控终端。

（2）任务实施。

步骤 1　把移动工控终端连接到无线路由器上。

步骤 2　对移动工控终端、网关、云平台、传感设备进行配置。

进入"连接模式切换"界面，对云平台模式下的用户名、密码、项目标识进行设置，如图 1-214 所示。

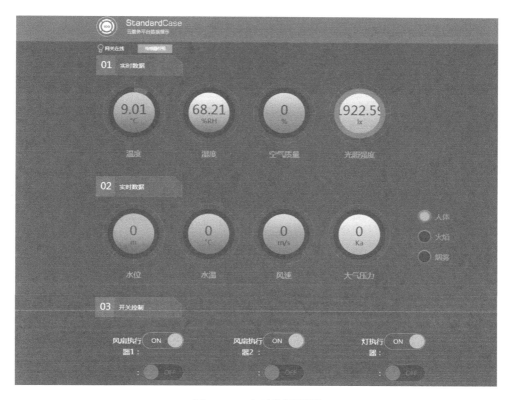

图 1-213 实时监测界面

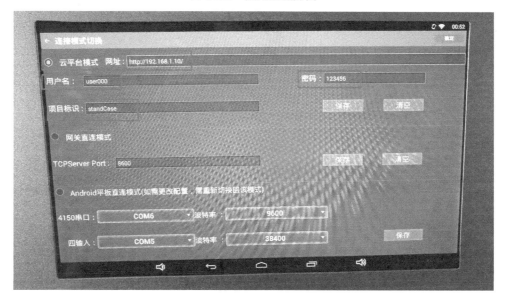

图 1-214 "连接模式切换"界面

打开"通道配置"界面，设置相关通道，如图 1-215 所示。

步骤 3 打开"感知层基础套件"界面。配置完成后，可在该界面中看到温度、湿度、光照、人体等的数据，如图 1-216 所示。

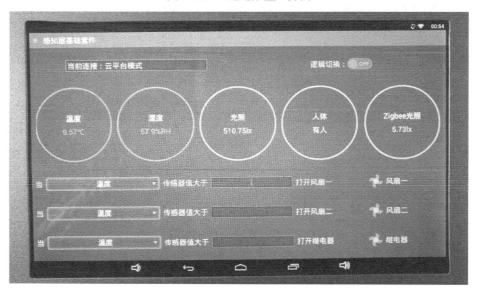

图 1-215 "通道配置"界面

图 1-216 "感知层基础套件"界面

 拓展

了解 IIS

互联网信息服务（Internet Information Services，IIS）是由微软公司提供的基于 Windows 的互联网基本服务。

IIS 6.0（基于 Windows Server 2003、Windows Vista Home Premium 及 Windows XP 64bit）包括 FTP、NNTP 和 HTTP/HTTPS 等服务。

IIS 7.0 基于 Windows Vista 及 Windows Server 2008。

IIS 可设置的属性包括：虚拟目录及访问权限、默认文件名称、是否允许浏览目录等。

1. 兼容性

IIS 是在 Windows 操作系统下开发的，这也限制了它只能在这种操作系统下运行。

2. 功能及用途

Web 服务器在 IIS 7.0 中经过了重新设计，能够通过添加或删除模块来自定义服务器，以满足特定需求。模块是服务器用于处理请求的独特功能。例如，IIS 使用身份验证模块对客户端凭据进行身份验证，并使用缓存模块来管理缓存活动。IIS 是一个支持 HTTP 和 FTP 发布服务的 Web 服务器。IIS 7.0 通过支持灵活的可扩展模型来实现强大的定制功能。

3. 安全性

IIS 的发展伴随着安全漏洞，而随着 IIS 6.0 的发布，这种情况有所好转。IIS 6.0 引入了网络服务账户，这是一个受限账户。这样，即使服务遭到了破坏，也不会造成系统瘫痪。

1.5 检验评估

1. 针对任务进行检验

检验任务成果，并且记录数据，填写检验报告（表 1-15）。

表 1-15 检验报告

序　号	检 验 项 目	记 录 数 据	是 否 合 格
			合格（ ）/不合格（ ）
			合格（ ）/不合格（ ）
			合格（ ）/不合格（ ）
			合格（ ）/不合格（ ）
			合格（ ）/不合格（ ）
			合格（ ）/不合格（ ）
			合格（ ）/不合格（ ）
			合格（ ）/不合格（ ）
			合格（ ）/不合格（ ）
			合格（ ）/不合格（ ）
			合格（ ）/不合格（ ）

2. 围绕任务展开教学评价

利用评价系统，参考课程教学系列评价表、评价指标进行评价。

第 2 章

典型智慧农业设备安装、组网、调试与应用

2.1 情境描述

在农业生产过程中，农作物的生长与自然界的多种因素息息相关，包括大气温度、大气湿度、土壤的温度及湿度、光照强度、二氧化碳浓度、水分及养分等。传统农业作业过程中，对这些影响农作物生长的参数进行管理，主要依靠人的感知能力，存在着极大的不准确性，农业生产采用粗放式管理，达不到精细化管理的要求。

智慧农业能够通过实时采集温室内温度、土壤温度、二氧化碳浓度、光照强度、叶面湿度、露点温度等环境参数，进行各种智能化、自动化操作。可以试想以下场景：

● 场景 1 随时了解各种数据；
● 场景 2 异常数据及时提醒；
● 场景 3 自动化调整空气、光照、温度等。

智慧农业能够实时采集各种数据，并且能够根据用户需求自动化处理，为实施农业综合生态信息自动检测、对环境进行自动控制和智能化管理提供科学依据。

本章将介绍大气温度、大气湿度、土壤的温度及湿度、光照强度、二氧化碳浓度等传感器设备，通过设备安装、线路连接、系统部署、配置组网、连接云平台、场景应用等实操，使学生了解传感数据采集技术与控制技术在智慧农业中的应用。

2.2 信息收集

2.2.1 认识智慧农业设备

认识模拟量采集器、二氧化碳变送器、温湿度传感器、光敏二极管传感器、继电器、ZigBee智能节点盒、土壤水分传感器、液位变送器、水温传感器、大气压力传感器、风速传感器、电子雾化器、风扇、模拟环境容器等智慧农业设备，了解其功能及电气规格。

1. 模拟量采集器

模拟量采集器用于采集模拟信号，如大气压力、二氧化碳浓度，连接两根 RS485 通信线（DATA+、DATA−），供电电压为 24V，输入端子共 8 对，可以连接模拟量类型的传感器，如图 2-1 所示。

2. ZigBee 智能节点盒

典型智慧农业设备中包含五个 ZigBee 智能节点盒，如图 2-2 所示。它可通过背面的磁铁吸附在工位上。ZigBee 智能节点盒有两种供电方式，一种是外部电源供电，采用 5V/2.1A 电源适配器，通过 USB 接口转接；另一种是通过内部电池供电，当未接外部连接线时，将开关拨到"ON"位置，则由内部电池供电。如图 2-3 所示，左边为 485 接口，中间为 USB 接口，右边为开关。当使用 USB 接口连接 PC 时，如果开关拨到"OFF"位置，则绿色灯亮，为通信模式，可进行 ZigBee 设置等；如果开关拨到"ON"位置，则红色灯亮，可为内部电池充电。

图 2-1　模拟量采集器

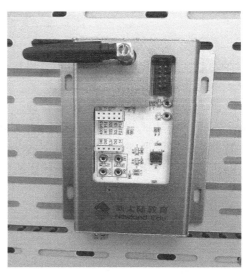

图 2-2　ZigBee 智能节点盒

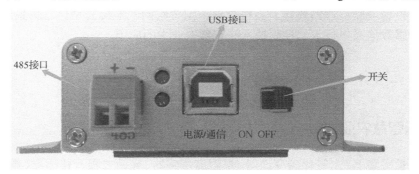

图 2-3　ZigBee 智能节点盒的接口

3. 大气压力传感器

大气压力传感器具有高精度、高灵敏度等特点，可应用于空气压力、海拔高度的测量，测量范围为 0～5000ppm，供电电压为直流 24V。它引出的三根线中，红色为正极，黑色为负极，蓝色为信号输出，如图 2-4 所示。

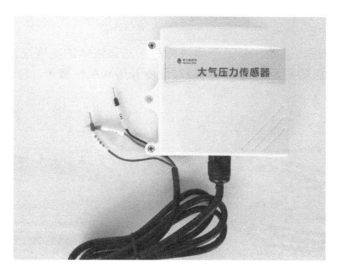

图 2-4　大气压力传感器

4．二氧化碳变送器

二氧化碳变送器用于工业环境的二氧化碳浓度测量，如温室、水果储存、安全报警、家禽饲养和停车场等，测量范围为 0～5000ppm，供电电压为直流 24V。它引出的三根线中，红色为正极，黑色为负极，蓝色为信号输出，如图 2-5 所示。

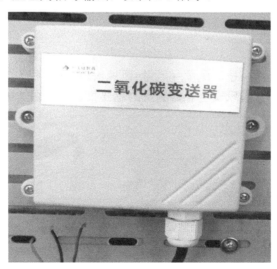

图 2-5　二氧化碳变送器

5．土壤水分传感器

土壤水分传感器又称土壤湿度传感器，由不锈钢探针和防水探头构成（图 2-6），可长期埋设于土壤和堤坝内使用，对表层和深层土壤进行墒情的定点监测和在线测量。它与数据采集器配合使用，可作为水分定点监测或移动测量的工具（即农田墒情检测仪）。

6. 液位变送器

液位变送器即液位传感器，基于所测液体静压与该液体的高度成比例的原理，采用压力敏感传感器，将静压转换为电信号，再经过温度补偿和线性修正，转化成标准电信号，如图 2-7 所示。

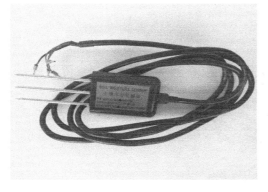

图 2-6　土壤水分传感器

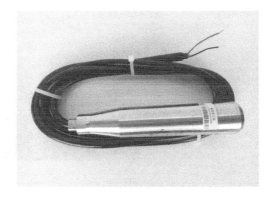

图 2-7　液位变送器

7. 水温传感器

水温传感器是指能感受水的温度并将其转换成可用输出信号的传感器（图 2-8）。水温传感器的内部结构为热敏电阻，它的阻值为 275～6500Ω，温度越低阻值越高，温度越高阻值越低。

8. 风速传感器

风速传感器可连续监测风速、风量（风量=风速×横截面面积），能够对所处地点的风速、风量进行实时显示，是矿井通风安全参数测量的重要仪表，如图 2-9 所示。

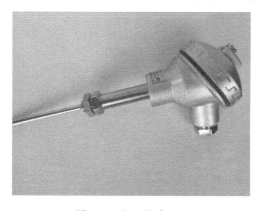

图 2-8　水温传感器

图 2-9　风速传感器

9. 电子雾化器

电子雾化器可将试液雾化，因此要求其喷雾稳定、雾滴细小均匀和雾化效率高，如图 2-10 所示。

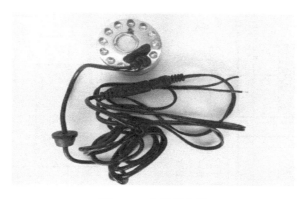

图 2-10 电子雾化器

2.2.2 智慧农业设备布局图与接线图

1. 智慧农业设备布局图

认识智慧农业设备布局图，并按布局图在移动实训台上安装设备。智慧农业设备布局图如图 2-11 所示。

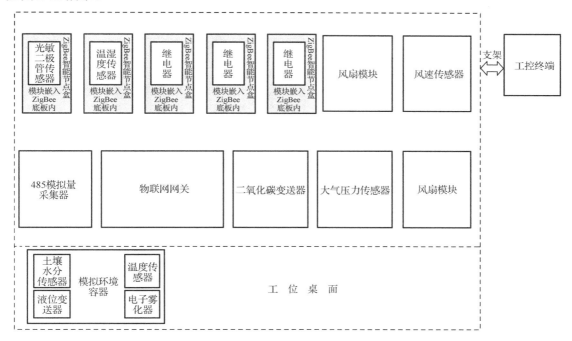

图 2-11 智慧农业设备布局图

2. 智慧农业设备接线图

熟悉智慧农业设备接线图（图 2-12），按接线要求连接设备。注意：同一接线端子不要接多根线，接线端子处线头金属部分不要外露，不同设备供电线宜单独连接，信号线有地线的要连接到地，信号线与供电线要分开走线，切记走线美观、规范。

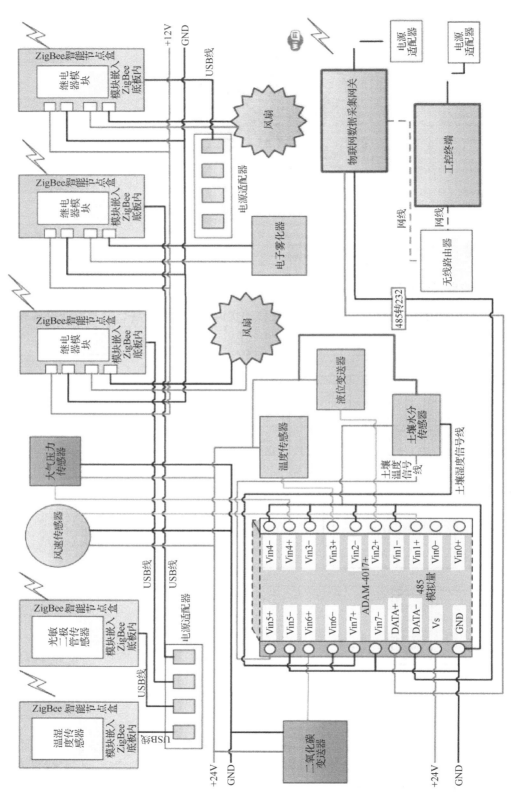

图2-12 智慧农业设备接线图

2.2.3 智慧农业设备的接线规范

1. ZigBee 智能节点盒+传感器模块

ZigBee 智能节点盒连接光敏二极管传感器转接板，构成 ZigBee 光敏二极管传感器，可接收光照变化，将数据通过无线信号直接传送给网关（网关中集成了 ZigBee 协调器）。ZigBee 光敏二极管传感器如图 2-13 所示。

ZigBee 智能节点盒连接温湿度传感器转接板，构成 ZigBee 温湿度传感器，可检测空气温度和湿度变化，将数据通过无线信号直接传送给网关。ZigBee 温湿度传感器如图 2-14 所示。

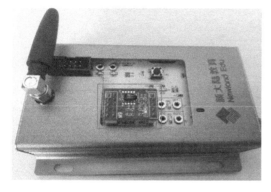

图 2-13 ZigBee 光敏二极管传感器

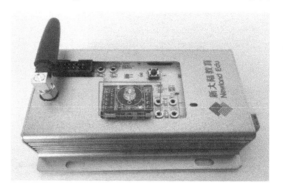

图 2-14 ZigBee 温湿度传感器

2. ZigBee 智能节点盒+继电器模块

先将 ZigBee 智能节点盒吸附在移动实训台上，再插入继电器转接板（图 2-15），并将继电器模块插入转接板，ZigBee 继电器模块如图 2-16 所示。接口从下往上分别为接电源正极（+12V），接电源负极，接风扇、电子雾化器正极，接风扇、电子雾化器负极，如图 2-17 所示。

图 2-15 继电器转接板

3. 风扇的接线

直接将风扇吸附在移动实训台上，再将黄色、黑色两根导线一端分别插入风扇上的+、−端子，另一端黄色线接继电器模块的 NO 端，黑色线接 COM 端。继电器模块的 IN 接 12V+，COM 接 12V−。风扇接线图如图 2-18 所示。注意：实训中风扇供电电压是 12V。

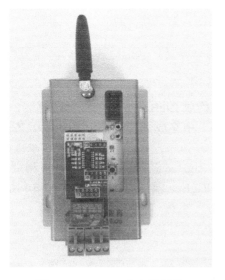

图 2-16　ZigBee 继电器模块

图 2-17　继电器模块接口

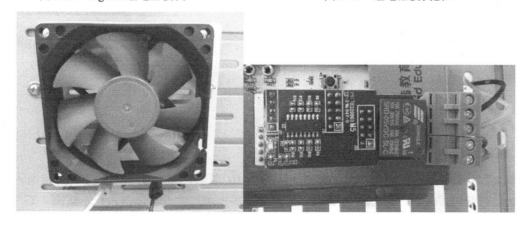

图 2-18　风扇接线图

4．电子雾化器的接线

将电子雾化器放到模拟环境容器中，再将雾化器上引出的两根导线接到 ZigBee 继电器模块上，导线的正极接继电器模块的 NO 端，负极接 COM 端。继电器的 IN 接 24V+，COM 接 24V-。电子雾化器接线图如图 2-19 所示。

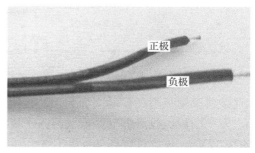

图 2-19　电子雾化器接线图

5. 模拟量采集器的接线

模拟量采集器接线图如图 2-20 所示。其中，Vin0～Vin7 为信号输入端口，GND 为-24V 接地端口，Vs 为+24V 供电端口，DATA+、DATA-接 485 转 232 模块的 DATA+、DATA-。

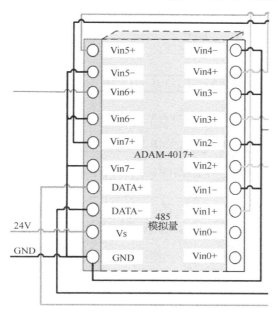

图 2-20　模拟量采集器接线图

6. 水温传感器的安装与接线

打开水温传感器的端盖，将红色线接在 24V+端子上，黑色线接在 24V-端子上，两根导线从内部端口引出，引出的红色线接+24V，黑色线接模拟量采集器的 Vin3+，即黑色线为信号线。水温传感器接线图如图 2-21 所示。

图 2-21　水温传感器接线图

7. 土壤水分传感器的接线

土壤水分传感器有 4 根不同颜色的引出线，分别为红色、黑色、棕色、蓝色。其中，红色线、黑色线接 24V+、24V-，棕色线、蓝色线为信号线，分别接模拟量采集器的 Vin5+、Vin7+。

2.3 分析计划

1. 鱼骨图（图 2-22）

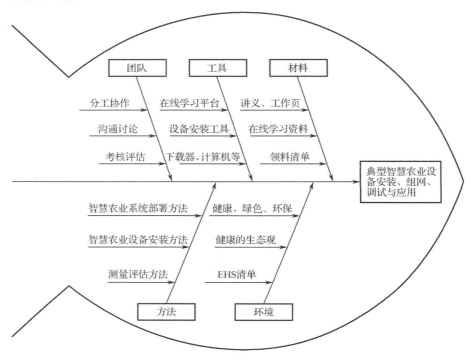

图 2-22 鱼骨图

2. 人料机法环一览表（表 2-1）

表 2-1 人料机法环一览表

人员/客户
教师作为客户发布的任务如下：
● 为本任务选择工具、材料、设备等
● 根据任务要求规范安装设备并连接线路、部署系统、组网调试，实现任务要求的功能
● 通过安装、调试、运行的质量和职业规范来评价
在组织过程中，以小组为单位，每个小组两名学生，利用人力、智力资源完成本任务

材料	机器/工具
● 讲义、工作页	● 依据在信息收集中学到的知识，参考工具清单安排需要
● 在线学习资料	的工具、线材和设备
● 材料图板	● 在线学习平台
● 领料清单	● 工具清单

续表

● 方法	● 环 境（安全、健康）
● 依据在信息收集中学到的技能，参考控制要求，选择合理的编程与调试流程 ● 制定 1～3 种方法（工艺、流程）	● 绿色、环保的社会责任 ● 可持续发展的理念 ● 健康的生态观 ● EHS 清单

角色分配和任务分工与完成追踪表见表 2-2。

表 2-2　角色分配和任务分工与完成追踪表

序　号	任 务 内 容	参 加 人 员	开 始 时 间	完 成 时 间	完 成 情 况

领料清单见表 2-3。

表 2-3　领料清单

序　号	名　　称	单　位	数　　量
1			
2			
3			
4			
5			
6			

设备/工具清单见表 2-4。

表2-4 设备/工具清单

序　号	名　　称	单　位	数　量
1			
2			
3			
4			
5			
6			

2.4　任务实施

2.4.1　任务综述

1．任务实施前

再次核查人员分工、材料、工具是否到位；再次确认编程调试的流程和方法，熟悉操作要领。

2．任务实施中

在安装与调试中，严格执行相关流程，遵守操作规定；按照要求填写工单；任务实施时要"小步慢进"，要实时测量、检验，及时修正。

任务实施过程中，按照表2-2记录完成的情况。

任务实施中，严格落实EHS的各项规程，见表2-5。

表2-5　EHS落实追踪表

通用要素		本次任务要求	落实评价（0～3分）
环境	评估任务对环境的影响		
	减少排放与不友好材料		
	确保环保		
	5S达标		
健康	配备个人劳保用具		
	分析工业卫生和职业危害		
	优化人机工程		
	了解简易急救方法		
安全	安全教育		
	危险分析与对策		
	危险品（化学品）注意事项		
	防火、逃生意识		

3．任务实施后

任务实施后，严格按照 5S 进行收尾工作。

2.4.2 任务实施分解

1．智慧农业设备配置与组网

1）任务描述

掌握 SmartRF Flash Programmer 的安装方法，并利用其对 ZigBee 模块进行烧写，烧写完成后要对 ZigBee 模块进行组网。

2）设备清单（表 2-6）

表 2-6 设备清单

序　号	设　备	数　量
1	ZigBee 智能节点盒	5 个
2	ZigBee 模块	5 个
3	仿真器（烧录器）	1 个
4	PC	1 台

3）任务实施

（1）通过 USB 线连接 PC 与 ZigBee 智能节点盒接口，如图 2-23 所示。将 ZigBee 智能节点盒开关拨到"OFF"位置，此时绿色灯亮，为通信模式。此时需要安装 USB 转串口驱动程序，驱动文件在配套资料"\02 工具和驱动 11.USB 转串口驱动\USB 驱动\x86（计算机操作系统 32 位）"中。驱动程序安装完成后可查看生成的串口号，在后续配置中要选择对应的串口。

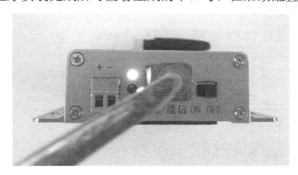

图 2-23 ZigBee 智能节点盒连线

（2）将 ZigBee 智能节点盒通电，使用公母串口线将其连接到 PC，运行 PC 上的"\02 工具和驱动\01.ZigBee 烧写代码及工具\ZigBee 组网参数设置 V1.2.exe"进行 ZigBee 配置，如图 2-24 所示。

（3）选择 ZigBee 智能节点盒连接到 PC 的串口，选择波特率（其中，传感器类型的 ZigBee 智能节点盒的波特率是 38400，继电器类型的 ZigBee 智能节点盒的波特率是 9600），单击"连接模组"按钮，连接模组成功后，会显示 ZigBee 智能节点盒的类型，并且有连接成功的提

示 ✸，单击"读取"按钮可显示该 ZigBee 智能节点盒原有的配置。

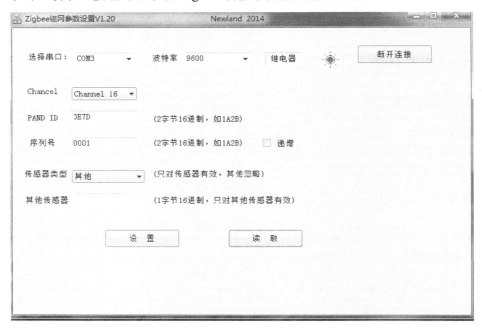

图 2-24　ZigBee 组网参数设置

（4）配置 ZigBee 智能节点盒参数时，必须把传感器和继电器的 PAND ID 及通道设置成同样的参数才可以组网。传感器除了设置通道、PAND ID，还要选择传感器类型。继电器除了设置通道、PAND ID，还要设置序列号，本任务必须将继电器的序列号设置为"0001"。

① 继电器参数设置如图 2-25 所示。

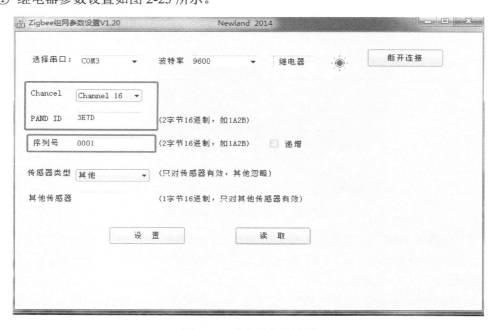

图 2-25　继电器参数设置

② 光照传感器参数设置如图2-26所示。

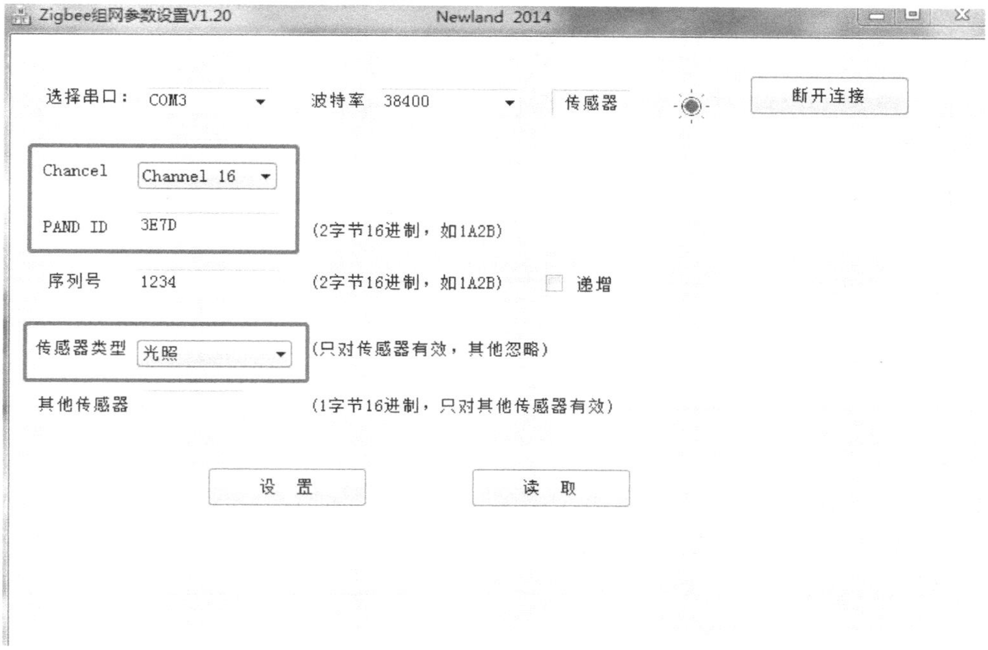

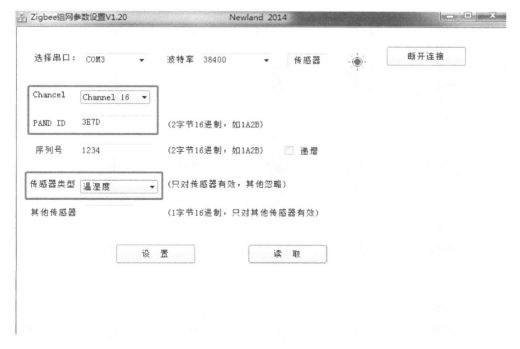

图2-26 光照传感器参数设置

③ 温湿度传感器参数设置如图2-27所示。

图2-27 温湿度传感器参数设置

2. 智慧农业服务器端部署

1）任务描述

智慧农业物联网服务器搭建需要相关软件的支持。在 Windows 7 操作系统下，应先安装 Internet 信息服务（IIS）管理器和数据库管理系统，并对系统防火墙进行设置，为云平台的部署提供条件。

2）设备清单（表 2-7）

表 2-7　设备清单

序　号	设 备 名 称	数量及单位
1	移动实训台	1 套
2	服务器	1 台

3）任务实施

（1）关闭 Windows 7 防火墙。

（2）安装 Internet 信息服务管理器。

（3）安装 Microsoft .NET Framework 4。

（4）安装配置 SQL Server 2008。

3. 智慧农业云平台部署

1）任务描述

云平台是物联网体系的重要部分，它可对采集的大数据进行存储、计算，以便于后期开放应用服务、解决方案和各场景下的 App。本任务主要实现智慧农业云平台的搭建与配置，以使智慧农业项目中各种传感器采集到的信号通过无线和有线方式进行数据传输，最终由云平台进行数据集成，进行数据的存储、查询和远程控制等操作。

2）设备清单（表 2-8）

表 2-8　设备清单

序　号	设 备 名 称	数量及单位
1	移动实训台	1 套
2	服务器	1 台

3）任务实施

（1）数据库部署。

（2）IIS 网站部署。

（3）云平台用户管理。

（4）云平台设备管理。

（5）云平台项目管理。

4．PC 客户端配置与应用

1）任务描述

智慧农业云平台建立成功后，用户可以通过 PC 客户端访问云平台，查询传感器数据并远程控制执行器。在实际应用中，在 PC 客户端上安装相关软件，并进行相应设置后才能实现相应功能。

2）设备清单（表2-9）

表2-9　设备清单

序　　号	设　备　名　称	数量及单位
1	移动实训台	1 套
2	服务器	1 台
3	PC 客户端	1 台

3）任务实施

（1）PC 客户端软件安装。

① 首先安装 Windows 7 操作系统，然后进行下列操作：

● 关闭 Windows 7 防火墙。

● 安装 Microsoft .NET Framework 4。

② 找到"智慧农业 V3.0.0.exe"文件，双击进行安装，如图 2-28 所示。

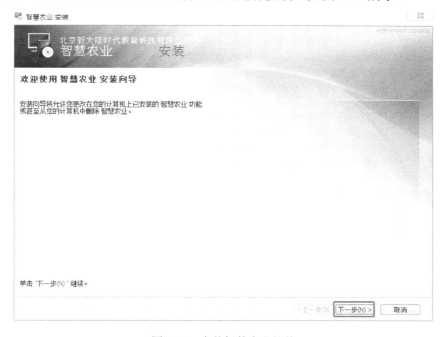

图 2-28　安装智慧农业软件

③ 单击"下一步"按钮，在出现的对话框中选择"典型"安装模式，如图 2-29 所示。然后，单击"下一步"按钮开始安装，整个安装过程需要几分钟。

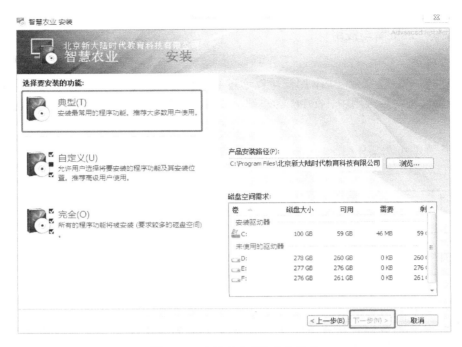

图 2-29 选择"典型"安装模式

④ 单击"完成"按钮，完成安装，如图 2-30 所示。桌面上会生成 图标。

图 2-30 完成安装

（2）智慧农业客户端登录。

① 打开智慧农业软件，进入登录界面，如图 2-31 所示。

图 2-31　智慧农业登录界面

② 单击图 2-31 中的"设置"按钮，进行服务器地址、端口及项目标识设置。其中，服务器地址与端口填写所连接的云平台的地址与端口，项目标识是当前用户在云平台上添加的项目标识，如图 2-32 所示。

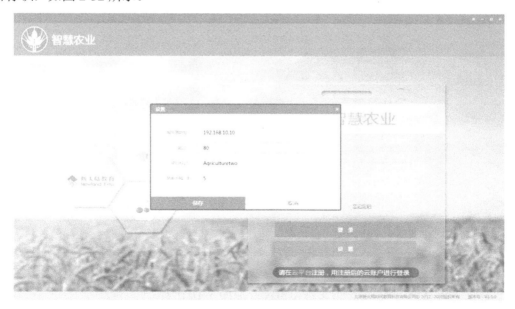

图 2-32　客户端设置

③ 在登录界面填写用户名及密码，如图 2-33 所示。

图 2-33 填写用户名及密码

④ 单击"登录"按钮，进入智慧农业客户端主界面，如图 2-34 所示。

图 2-34 智慧农业客户端主界面

（3）智慧农业设备绑定。

① 单击"设备绑定"，进入设备绑定界面，如图 2-35 所示。

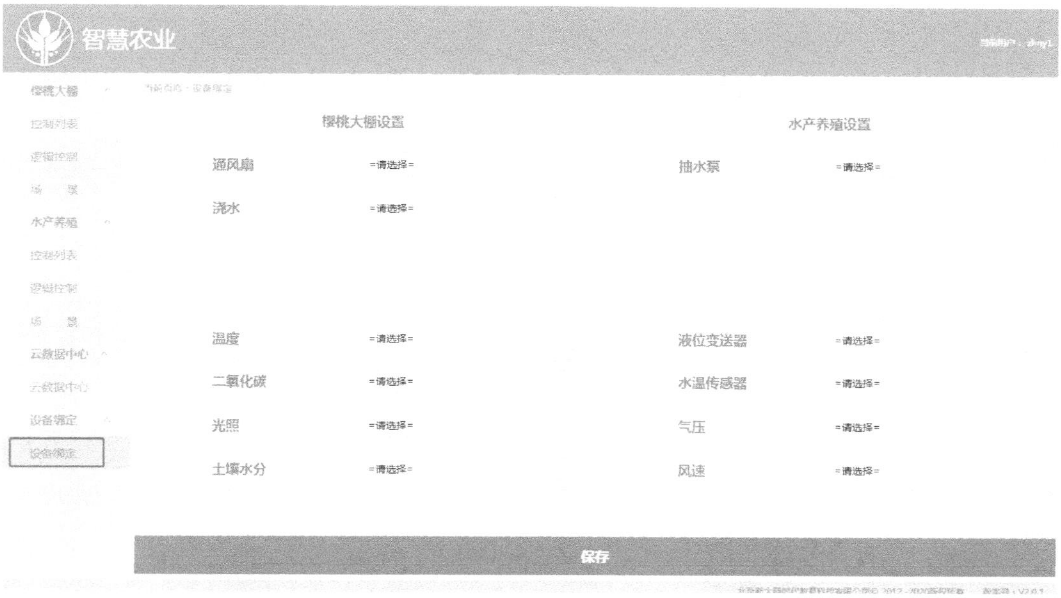

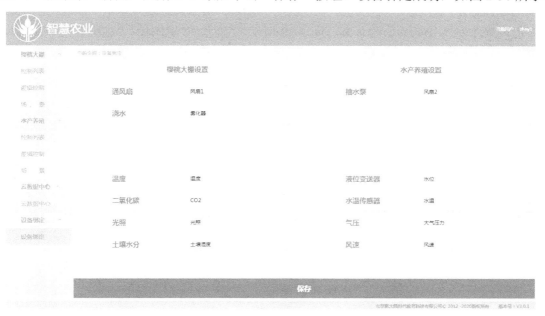

图 2-35 设备绑定界面

② 进行各传感器和开关设备的绑定，其中"通风扇"绑定"风扇 1"，"浇水"绑定"雾化器"，"抽水泵"绑定"风扇 2"，最后单击"保存"按钮，设备绑定成功，如图 2-36 所示。

图 2-36 设备绑定成功

（4）樱桃大棚场景。

① 单击"樱桃大棚"的"控制列表"，进入控制列表界面，可获取温度、二氧化碳、光照、土壤水分传感数据，如图 2-37 所示。

图 2-37 控制列表界面

② 对通风扇、浇水、遮阳棚、施肥进行开关操作，这几个开关操作在场景界面中都有相应的模拟动画。"通风扇"与"风扇 1"绑定，"浇水"与"雾化器"绑定，能够控制实际硬件中的风扇 1 与雾化器，如图 2-38、图 2-39 所示。"浇水""遮阳棚""施肥"三个开关的操作均与通风扇的开关操作相似。

图 2-38 打开通风扇

图 2-39　通风扇工作

③ 单击"查看传感器详细图表"按钮，如图 2-40 所示。

图 2-40　单击"查看传感器详细图表"按钮

④ 选择传感器和相应的查询时间段，可在右侧显示传感器折线图，如图 2-41 所示。

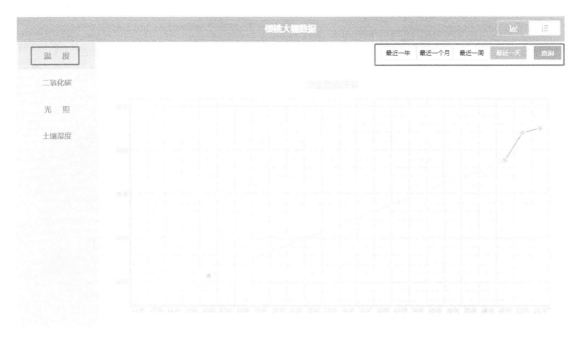

图 2-41　传感器折线图

⑤ 逻辑控制。单击"樱桃大棚"的"逻辑控制",进入逻辑控制界面,如图 2-42 所示。

图 2-42　逻辑控制界面

⑥ 单击"新增策略控制",可进行策略添加。如添加一个温度控制,"传感器变量"从云平台上获取,"触发执行器"从云平台上选择执行器。当传感值超过设置的高阈值时,触发所绑定的执行器;当传感值低于设置的低阈值时,触发所绑定的执行器。新增策略后,系统会将策略同步到云平台上,如图 2-43、图 2-44 所示。

图 2-43 设置新增策略

图 2-44 策略添加完成

（5）水产养殖场景。

① 单击"水产养殖"的"控制列表"，进入控制列表界面（图 2-45），在此界面中可获取液位、水温、气压、风速传感数据，需要对设备进行绑定。

图 2-45　控制列表界面

② 对抽水泵、增氧机进行开关操作（图 2-46）。开关操作在场景界面中都有相应的模拟动画。抽水泵模拟动画如图 2-47 所示。

图 2-46　打开抽水泵

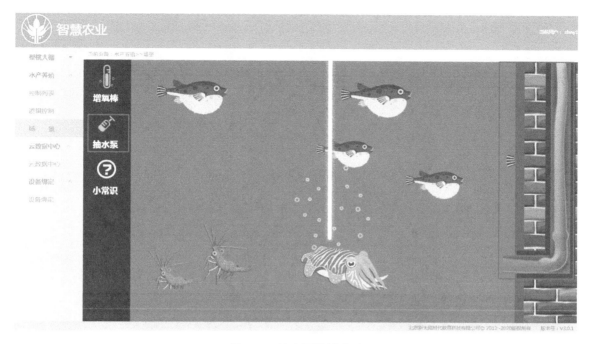

图 2-47 抽水泵模拟动画

（6）从云数据中心查询数据。

单击"云数据中心"，进入云数据中心界面，选择传感器及查询的时间段，进行数据图表及历史数据查询，如图 2-48、图 2-49 所示。

图 2-48 传感器数据图表

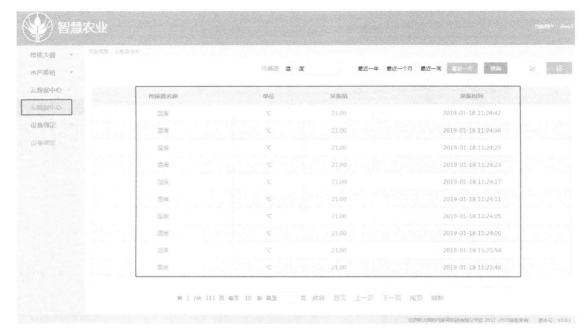

图 2-49　传感器历史数据

5．Android 客户端配置与应用

1）任务描述

智慧农业 Android 客户端建立成功后，用户可以通过 Android 客户端访问云平台，查询传感器数据并实现远程控制。在实际应用中，安装 Android 客户端的相关软件，并进行相应设置后才能实现相应功能。

2）任务实施

（1）安装 Android 客户端。

在移动工控终端上安装软件有以下两种方式。

方式一：将软件复制到 U 盘上，将 U 盘插到移动工控终端的 USB 口上，然后打开移动工控终端的 ES 文件浏览器（图 2-50），找到 U 盘里的软件进行安装。

方式二：移动工控终端连接网络，能够访问外网，通过 USB 线将移动工控终端连接到计算机上，计算机安装手机助理（如豌豆荚），移动工控终端成功连接到手机助理后，直接通过手机助理进行软件安装。

（2）Android 客户端部署。

① 登录界面。

打开 Android 客户端智慧农业应用程序，进入登录界面，如图 2-51 所示。

图 2-50　ES 文件浏览器

图 2-51　登录界面

　　点击右上角的设置按钮，进行服务器地址、端口及项目标识设置，服务器地址与端口填写所连接的云平台的地址与端口，项目标识是当前用户在云平台上添加的项目标识，如图 2-52 所示。

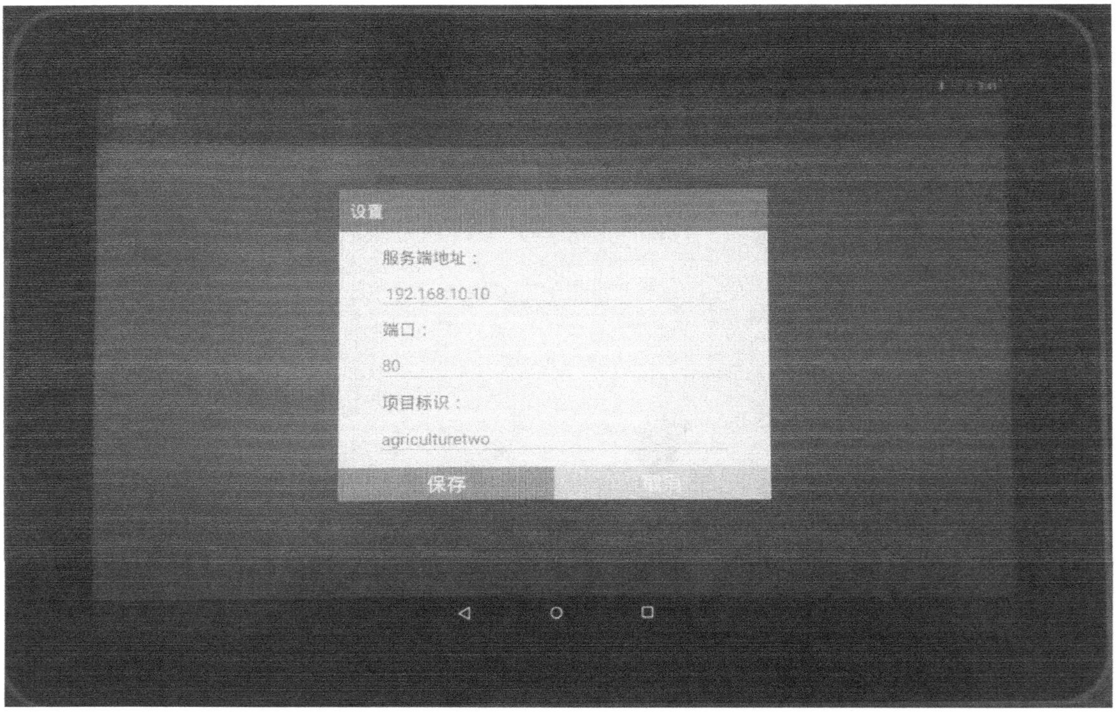

图 2-52　登录界面设置

填写账户及密码，如图 2-53 所示。

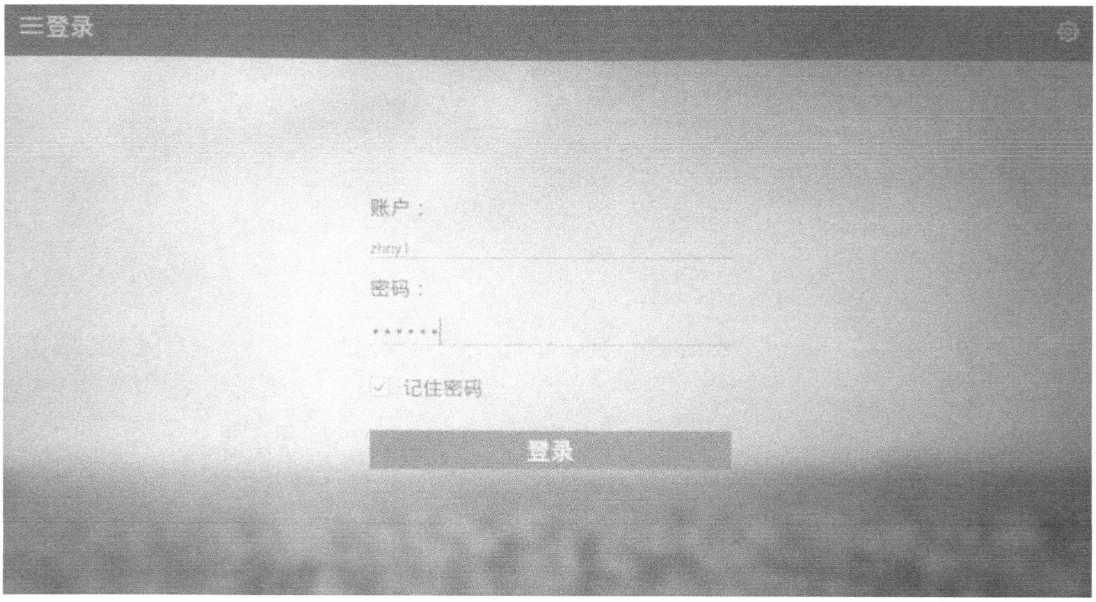

图 2-53　填写账户及密码

点击"登录"按钮，进入智慧农业主界面，如图 2-54 所示。

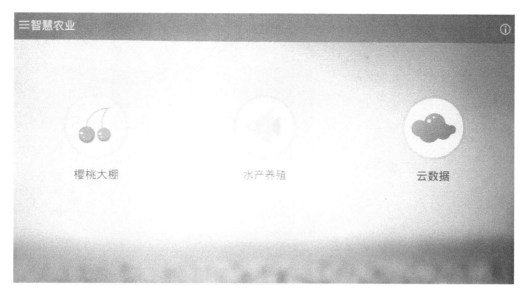

图2-54　智慧农业主界面

② 设备绑定。

往右滑动主界面，左侧出现菜单，如图2-55所示。

图2-55　主界面中的菜单

点击"设备绑定"，进入设备绑定界面，进行传感器及开关设备的绑定，其中"通风扇"绑定"风扇1"，"浇水"绑定"雾化器"，"抽水泵"绑定"风扇2"，如图2-56所示。

③ 樱桃大棚场景。

● 控制列表。

在主界面点击"樱桃大棚"→"控制列表"，进入控制列表界面，可获取温度、二氧化碳、光照、土壤水分传感数据。

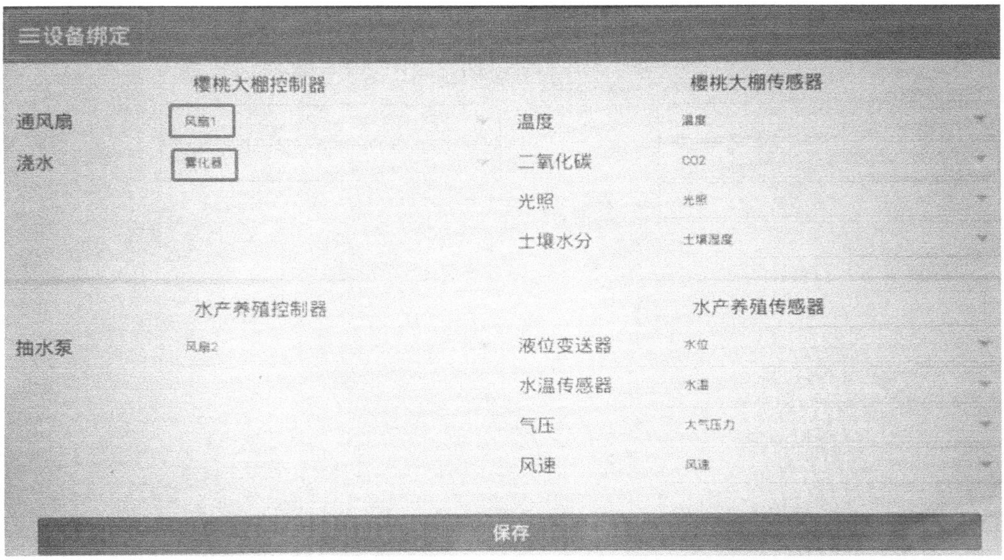

图 2-56　设备绑定

● 场景。

对通风扇、浇水、遮阳棚、施肥进行开关操作,这几个开关操作在场景界面中都有相应的模拟动画。打开通风扇开关,如图 2-57 所示。

图 2-57　打开通风扇开关

风扇模拟动画如图 2-58 所示。

图 2-58　风扇模拟动画

打开浇水开关，如图 2-59 所示。

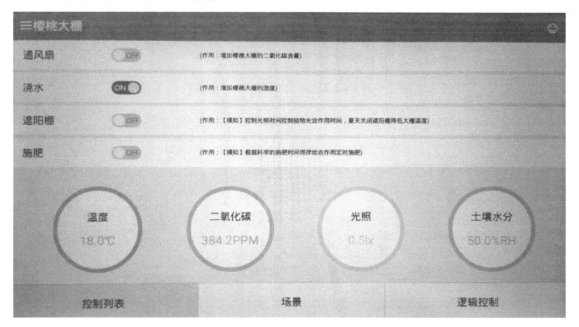

图 2-59　打开浇水开关

浇水模拟动画如图 2-60 所示。

图 2-60　浇水模拟动画

打开遮阳棚开关，如图 2-61 所示。

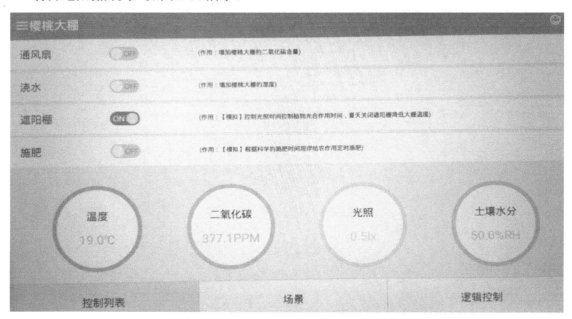

图 2-61　打开遮阳棚开关

遮阳棚模拟动画如图 2-62 所示。

图 2-62 遮阳棚模拟动画

打开施肥开关，如图 2-63 所示。

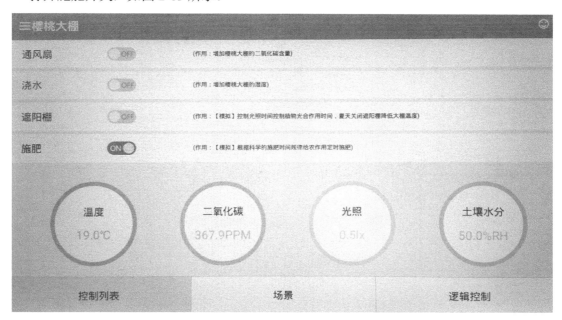

图 2-63 打开施肥开关

施肥模拟动画如图 2-64 所示。

图 2-64　施肥模拟动画

点击一个传感器，可查看该传感器的数据列表与数据图表。点击温度传感器，如图 2-65 所示。

图 2-65　点击温度传感器

温度数据列表如图 2-66 所示。

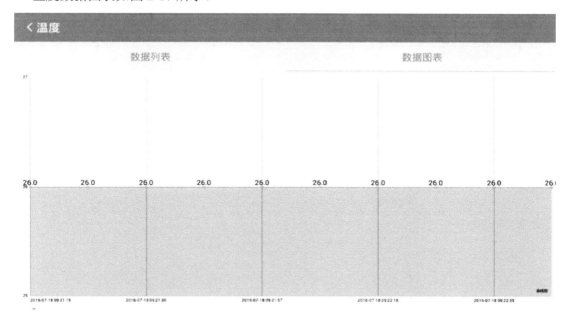

图 2-66　温度数据列表

温度数据图表如图 2-67 所示。

图 2-67　温度数据图表

④ 逻辑控制。

点击"樱桃大棚"→"逻辑控制",进入逻辑控制界面,如图 2-68 所示。

图 2-68　逻辑控制界面

　　点击"新增策略控制"，可进行策略添加，如添加一个温度控制，"传感器变量"从云平台上获取，"触发执行器"从云平台上的执行器中选择，如图 2-69、图 2-70 所示。

图 2-69　新增逻辑策略

图 2-70 查看新增策略

策略启用与禁用：选择一条策略并向左滑动，可对单条策略进行启用与禁用操作，也可通过右上角的按钮对所有策略进行全局启用或禁用操作，如图 2-71 所示。

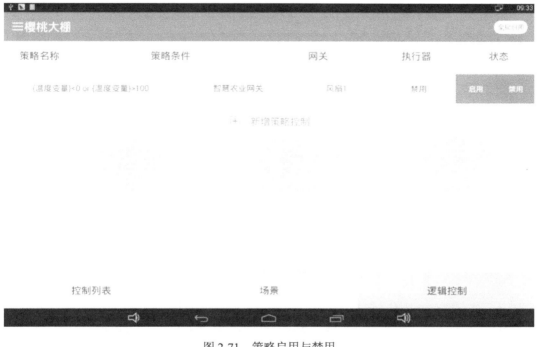

图 2-71 策略启用与禁用

⑤ 水产养殖场景。

在主界面点击"水产养殖"→"控制列表",进入控制列表界面,可获取水位、水温、大气压力、风速传感数据,如图 2-72 所示。

图 2-72　水产养殖的控制列表界面

对抽水泵、增氧机进行开关操作。打开抽水泵开关,如图 2-73 所示。

图 2-73　打开抽水泵开关

抽水泵模拟动画如图 2-74 所示。

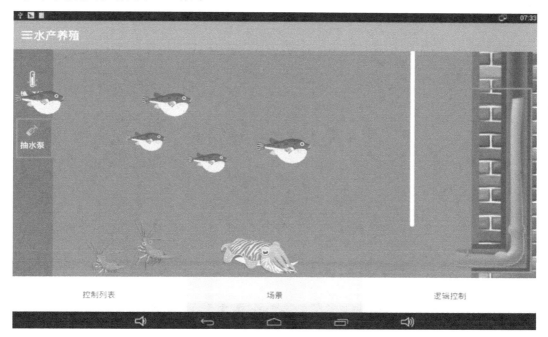

图 2-74　抽水泵模拟动画

打开增氧机开关，如图 2-75 所示。

图 2-75　打开增氧机开关

增氧机模拟动画如图 2-76 所示。

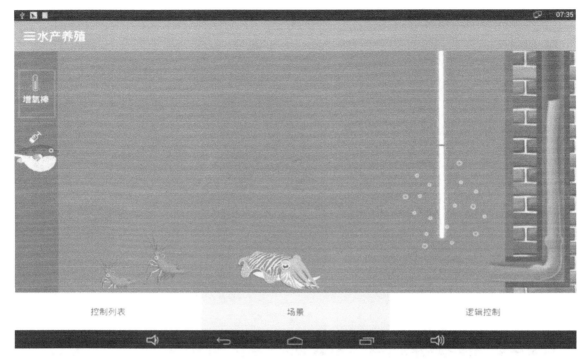

图 2-76　增氧机模拟动画

　　点击一个传感器，可查看该传感器的数据列表与数据图表。点击水位传感器，如图 2-77 所示。

图 2-77　点击水位传感器

水位传感器数据列表如图 2-78 所示。

传感器名称	数据类型	传感值	录入时间
水位	数值型	0.02	2016-07-18 11:41:27
水位	数值型	0.02	2016-07-18 11:41:15
水位	数值型	0.02	2016-07-18 11:41:05
水位	数值型	0.02	2016-07-18 11:40:55
水位	数值型	0.02	2016-07-18 11:40:43
水位	数值型	0.02	2016-07-18 11:40:32
水位	数值型	0.02	2016-07-18 11:40:20

图 2-78 水位传感器数据列表

水位传感器数据图表如图 2-79 所示。

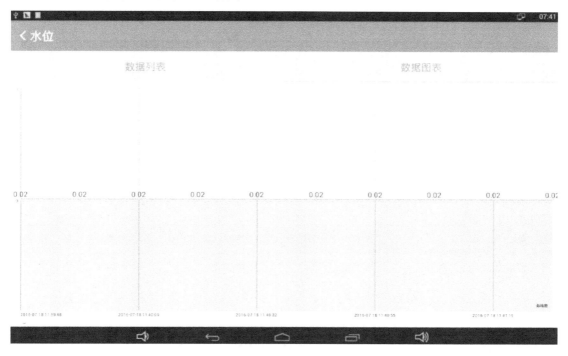

图 2-79 水位传感器数据图表

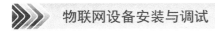

⑥ 从云数据中心查询数据。

在主界面中点击"云数据",或者将主界面向右滑动后点击左侧菜单中的"云数据中心",进入云数据中心界面(图 2-80),选择传感器及查询的时间段,查看传感数据列表和数据图表。

图 2-80　云数据中心界面

在"传感器"下拉列表框中选择传感器,如图 2-81 所示。

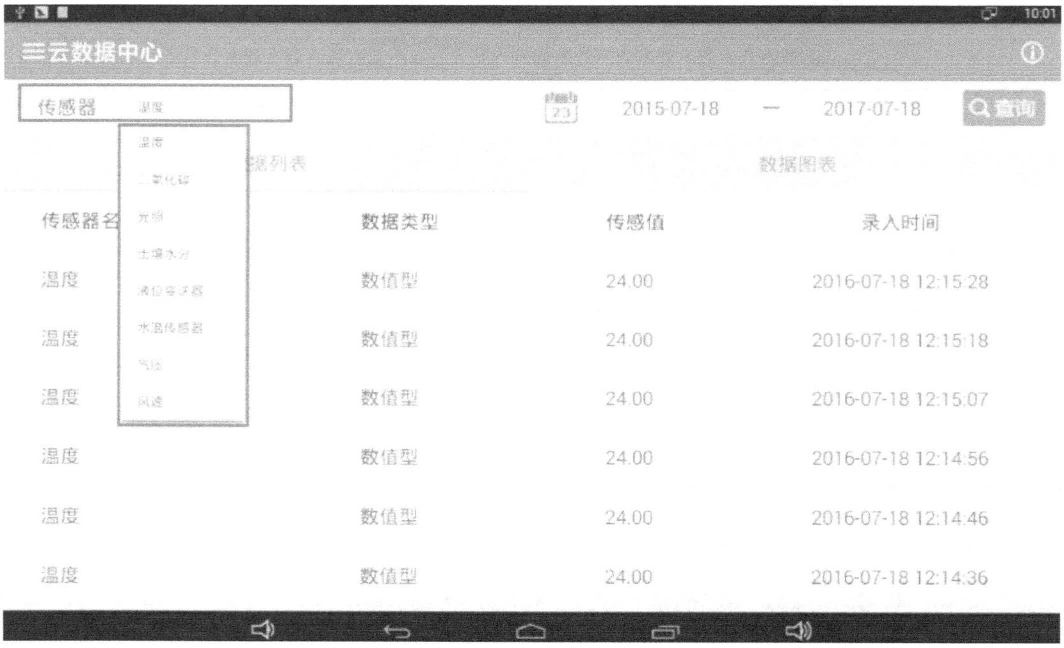

图 2-81　选择传感器

可选择时间段查看传感器的数据，如图2-82所示。

图2-82 选择时间段

可切换"数据列表"与"数据图表"，数据列表如图2-83所示，数据图表如图2-84所示。

传感器名称	数据类型	传感值	录入时间
温度	数值型	24.00	2016-07-18 12:15:28
温度	数值型	24.00	2016-07-18 12:15:18
温度	数值型	24.00	2016-07-18 12:15:07
温度	数值型	24.00	2016-07-18 12:14:56
温度	数值型	24.00	2016-07-18 12:14:46
温度	数值型	24.00	2016-07-18 12:14:36

图2-83 数据列表

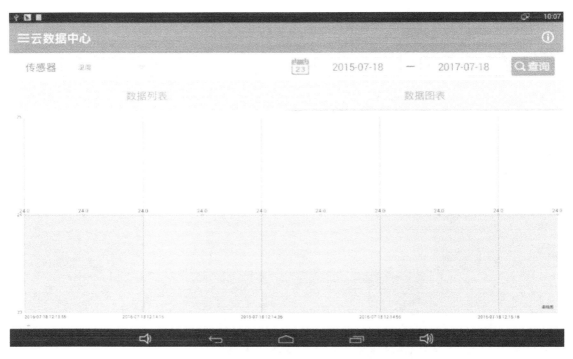

图 2-84　数据图表

⑦ 查看软件信息。

点击智慧农业主界面右上角的图标，或者在主界面向右滑动，在左侧菜单中点击"关于我们"，可查看软件信息，如图 2-85 所示。

图 2-85　软件信息

2.5　检验评估

1．针对工作任务进行检验

检验任务成果，并且记录数据，填写检验报告（表2-10）。

表2-10　检验报告

序　　号	检 验 项 目	记 录 数 据	是 否 合 格
			合格（）/不合格（）
			合格（）/不合格（）
			合格（）/不合格（）
			合格（）/不合格（）
			合格（）/不合格（）
			合格（）/不合格（）
			合格（）/不合格（）
			合格（）/不合格（）
			合格（）/不合格（）
			合格（）/不合格（）
			合格（）/不合格（）

2．围绕任务展开教学评价

利用评价系统，参考课程教学系列评价表、评价指标进行评价。

第3章

智能家居设备安装、系统部署、组网、调试与应用

3.1 情境描述

如今，智能家居正走进千千万万普通的家庭，根据大众的习惯喜好、生活需求提供一系列解决切实生活问题的功能。

1. 与租户、朋友、家政人员分享钥匙——智能门锁给生活带来的便利

如果你是一个忙碌的上班族，很难离开工作岗位，而在工作途中，刚好有亲人或朋友到访，这时，只需要给亲友分享一个临时密码，对方就可以通过这个临时密码进入你家。同样，预约了家政人员上门做清洁，或约好了维修人员维修水电，当你不在家的时候，可以给陌生人分享临时密码，并限定密码的有效时间，这样，相关人员便能在限定时间内使用密码进入你家，超时后密码作废，既方便又安全。在出租房里使用智能门锁，无论是长期还是短期租户，业主只需要将密码分享给租户，租赁到期之后，密码作废，业主无须与租户见面，就能够完成交易。

2. 买菜、取快递回来不用找钥匙

当你买完菜、取完快递回到家门口时，智能家居可以实现生物密码开门，为生活带来便利。

3. 居家监控、报警功能

许多都市年轻人上班忙碌，老人在家带小孩，只有老人、小孩在家就可能存在一系列的安全隐患。例如，老人既要照顾小孩又要做饭时，很可能在做饭途中被孩子打断，出现忘记关火、关水等问题，还有可能忘记关掉煤气，存在煤气泄漏的隐患。如果家里安装了智能感应器，在出现漏水、煤气泄漏、火灾的时候，智能感应器感应到异常就会向手机报警，业主可以及时与家人沟通并处理问题。另外，还可以在家居空间内安装摄像头。这样，业主可以随时随地通过手机查看家里的状况，一旦出现问题，可以及时处理。

4. 夏天回家前半小时空调已经打开

智能家居可以对家里的空调进行控制，可以用手机设置空调在主人回家前半小时自动开启。这样，主人回到家中就能有一个清凉舒适的环境。

5．拥有恒温、恒亮的书房、卧室

智能家居可以通过一系列的感应装置感应室内的状况并做出反应。通过智能家居可以使室内保持一定的亮度，如果室外的光线发生变化，智能家居可以控制智能窗帘以改变室内的进光量。智能家居也可以保持室内恒定的温度，在此基础上，还可以设计不同的情景模式，实现一键切换。

6．一键关灯

现在，为了更好地满足不同功能、营造氛围，一个房间会使用多盏灯，但每到晚上睡觉之前，需要到处关灯是件麻烦事。这个问题通过智能灯光控制可以得到解决，全屋灯光都可以通过手机控制，一键就能关掉全屋的灯。

7．随意切换灯光模式

全屋灯光智能设计，不仅可以通过手机控制全屋灯光，还可以根据空间使用的不同需求，定制不同的灯光模式。例如，回家模式，可以在进门之前就打开必要的照明灯；会客模式，在有客人到访的时候，选择比较明亮、通透的照明效果；浪漫模式，只打开气氛灯，营造出优雅浪漫的氛围；影音模式，在看电影、看电视时，开启最佳的灯光效果。

8．智能感应灯

许多老人有起夜的习惯，摸黑找开关是一件麻烦的事情，还可能影响到其他人，而不开灯，又很容易磕碰、摔伤。如果安装了智能感应灯，当感应器感应到老人正在下床时，照明灯就会自动开启。这样，既解决了起夜的照明问题，也不至于开亮度较高的灯而影响其他人。通过系统设置，还可以让灯自动关闭，省去了许多麻烦。

9．门窗被撬时，智能系统会自动向用户手机报警

智能家居的另一个重要功能体现在安防上。当以非正常方式打开智能门锁时，系统会自动向用户的手机报警，提醒用户可能存在安全隐患。同时，安装在家里的摄像头会记录下家里的具体情况作为证据。在门窗上安装的警报器也会发出声光报警，吓退非法入侵者，保障居家安全。

10．自动播放背景音乐

可以使用智能家庭影音，实现更方便的灯光、音响控制，营造更适合家庭观影的氛围。另外，通过智能家居还可以实现整个家居空间的背景音乐播放。

3.2　信息收集

3.2.1　认识智能家居

1．智能家居概念

智能家居是指以住宅为平台，利用物联网技术、综合布线技术、安全防范技术、自动控制技术、音视频技术将家居生活有关的设施集成，构建高效的住宅设施与家庭日程事务的管

理系统，提升家居的安全性、便利性、舒适性、艺术性，并实现环保节能的居住环境。

智能家居随着集成技术、通信技术的发展而不断改进，它涉及对家庭网络内所有的智能家具、设备和系统的操作、管理及集成技术的应用，其技术特点表现如下。

1）通过家庭网关及系统软件建立智能家居平台系统

家庭网关是智能家居局域网的核心部分，主要完成家庭内部网络各种不同通信协议之间的转换和信息共享，以及与外部通信网络之间的数据交换功能，家庭网关还负责家庭智能设备的管理和控制。

2）统一的平台

利用计算机技术、微电子技术、通信技术，家庭智能终端将家庭智能化的所有功能集成起来，使智能家居建立在一个统一的平台之上。首先，要实现家庭内部网络与外部网络之间的数据交互；其次，要保证能够识别通过网络传输的指令是合法的指令，而不是黑客的非法入侵。因此，家庭智能终端既是家庭信息的交通枢纽，又是信息化家庭的"保护神"。

3）通过外部扩展模块实现与家用电器的互联

为实现家用电器的集中控制和远程控制功能，家庭网关通过有线或无线的方式，按照特定的通信协议，借助外部扩展模块控制家用电器及照明设备。

4）嵌入式系统的应用

以往的家庭智能终端绝大多数是由单片机控制的。随着新功能的出现和性能的提升，将处理能力大大增强的具有网络功能的嵌入式操作系统和单片机的控制软件程序做了相应的调整，有机地结合成完整的嵌入式系统。

智能家居系统架构及应用场景如图 3-1、图 3-2 所示。

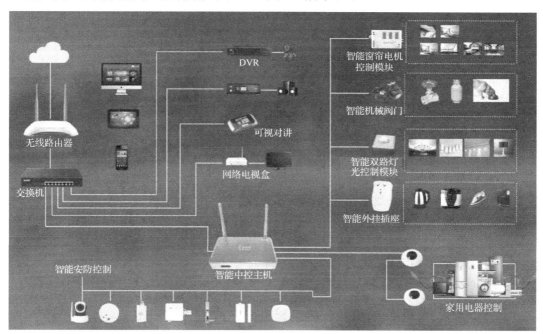

图 3-1　智能家居系统架构

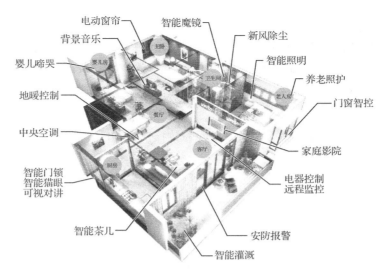

图 3-2　智能家居应用场景

智能家居是物联网的体现，是一个集成的系统环境，而不是几个或几类智能设备的简单组合。它可以通过智能主机将家里的灯光、音响、电视、空调、门窗、安防监控、环境监测等连接在一起，并根据个人的生活习惯和实际需求设置成相应的情景模式，无论任何时间、地点，都可以通过移动终端（手机、平板电脑等）、计算机来管控家里的一切。

2.　智能家居的发展历程

智能家居作为一个新兴产业，正处于导入期与成长期的临界点，市场消费观念还未形成，但随着智能家居推广普及的进一步落实，通过培育消费者的使用习惯，智能家居市场的消费潜力必然是巨大的，产业前景光明。智能家居在中国的发展经历了四个阶段，分别是萌芽期、开创期、徘徊期和融合演变期。

（1）萌芽期（1994—1999 年）。这是智能家居的第一个发展阶段，整个行业还处在一个了解概念、认知产品的阶段，这时没有出现专业的智能家居生产厂商，只在深圳有一两家从事美国 X-10 智能家居代理销售的公司，产品多销售给居住在国内的欧美用户。

（2）开创期（2000—2005 年）。2000—2005 年，先后成立了五十多家智能家居研发生产企业，主要集中在深圳、上海、天津、北京、杭州、厦门等地。智能家居的市场营销、技术培训体系逐渐完善起来。此阶段，国外智能家居产品基本没有进入国内市场。

（3）徘徊期（2006—2010 年）。2005 年以后，由于上一阶段智能家居企业的野蛮成长和恶性竞争，给智能家居行业带来了极大的负面影响：过分夸大智能家居的功能，厂商只顾发展代理商，却忽略了对代理商的培训和扶持，导致代理商经营困难、产品不稳定、用户投诉率高。行业用户、媒体开始质疑智能家居的实际效果，由原来的鼓吹变得谨慎，市场销售增长减缓，甚至部分区域出现了销售额下降的现象。

（4）融合演变期（2011—2020 年）。进入 2011 年以来，市场销售出现了增长的势头。智能家居的放量增长说明智能家居行业进入了一个拐点，由徘徊期进入了新一轮的融合演变期。智能家居一方面进入一个相对快速的发展阶段，另一方面协议与技术标准开始主动互通和融合，行业并购现象开始出现甚至成为主流。

3．智能家居存在的问题

1）制定智能家居的标准

标准之争实际是市场之争，多年前发达国家就有了智能家居的概念和标准，当时的标准偏重于安防，随着通信技术和网络技术的发展，传统的建筑产业与IT产业有了深度的融合，智能家居的概念才得以真正发展。加入WTO后，中国的行业管理正在与国际接轨，以行业协会为龙头推进标准化进程，加强行业管理将是今后的重点。

2）产品标准化——行业发展的必经之路

目前，中国的家居智能控制系统产品很多，据估计有数百个品种。于是，中国就产生了几百个互不兼容的标准，至今还没有一个能够占领国内市场10%的家居智能控制系统产品。由此可见，推进标准化进程是智能家居行业发展的必经之路，也是当务之急。

3）个性化——智能家居控制系统的生命所在

在公众生活的模式中，家居生活是最能体现个性化的，无法用一种标准程式去约定人们的家庭生活，而只能去适应它。这就决定了个性化是智能家居控制系统的生命所在。

4）家电化——智能家居控制系统的发展方向

智能家居控制系统有些已变成了家用电器，有些正在变成家用电器，IT厂商和家用电器厂商倾力推出的"网络家电"就是网络与家用电器结合的产物。

4．智能家居的发展趋势

1）环境控制和安全规范

建设智能家居的目的就是给人们提供安全、舒适的生活环境，但是目前的智能家居系统显现出许多不足之处，如影音设备、温度调控、安全控制等，在这些方面还要完成远程与集中控制并行的任务，确保整个家居生活体现出更加人性化的特点。

2）新技术、新领域的应用

智能家居未来必然会和新技术进行融合，智能家居的控制将会引发IT行业的发展新风潮。另外，智能家居系统在得到改进之后，能够在商业化氛围中进行应用，从而拓宽其应用范围，这种情况会使得智能家居市场出现大范围的扩展。

3）和智能电网相结合

在我国，智能电网的建设有其根本需求，既可以对整个住宅的各种智能化设施进行服务，又可以对智能家居的网络形成渗透作用。使用智能电网的用户，如果也在享受智能家居的服务，那么他的需求就是在两者之间建立有效的通信，能够对智能家居与智能电网相结合的各种信息进行统筹之后，再进行有效管理。

5．智能家居设计原则

一个智能家居系统成功与否，并非仅仅取决于智能化系统的多少、系统的先进性或集成度，而是取决于系统的设计和配置是否经济合理，系统能否成功运行，系统的使用、管理和维护是否方便，系统或产品的技术是否成熟适用。换句话说，就是如何以最少的投入、最简便的实现途径来换取最大的功效，实现便捷、高质量的生活。为了实现上述目标，设计智能家居系统时要遵循以下原则。

1）实用便利

智能家居最基本的目标是为人们提供一个舒适、安全、方便和高效的生活环境。对智能家居产品来说，最重要的是以实用为核心，摒弃那些华而不实的功能，产品以实用性、易用性和人性化为主。

在设计智能家居系统时，应根据用户对智能家居功能的需求，整合实用、基本的家居控制功能，包括智能家电控制、智能灯光控制、电动窗帘控制、防盗报警、门禁对讲等。智能家居的控制方式应丰富多样，如本地控制、遥控控制、集中控制、手机远程控制、感应控制、网络控制、定时控制等，让人们摆脱烦琐的事务，提高效率。所以，设计智能家居时一定要充分考虑用户体验，注重操作的便利性和直观性，最好采用图形化的控制界面，让操作所见即所得。

2）标准化

智能家居系统方案设计应依照国家和地区的有关标准进行，确保系统的扩展性。在系统传输上应采用标准的 TCP/IP 技术，以保证不同厂商之间的系统可以兼容。系统的前端设备应采用多功能、开放、可扩展的设备。

3）方便性

智能家居有一个显著的特点，就是安装、调试与维护的工作量非常大，需要大量的人力物力投入，这是制约行业发展的瓶颈。针对这个问题，在设计系统时，就应考虑安装与维护的方便性，如系统可以通过 Internet 远程调试与维护。通过网络，不仅能使住户实现智能家居系统的控制功能，还允许工程人员远程检查系统的工作状况，对系统出现的故障进行诊断。这样，系统设置与版本更新可以在异地进行，大大方便了系统的应用与维护，提高了响应速度，降低了维护成本。

4）轻巧型

轻巧型智能家居产品是一种轻量级的智能家居系统。简单、实用、灵巧是它最主要的特点，也是其与传统智能家居系统最大的区别。所以，一般把无须施工部署，功能可自由搭配，价格相对便宜，可直接面向最终消费者销售的智能家居产品称为轻巧型智能家居产品。

6. 智能家居的控制方式

智能家居有两种控制方式，即本地控制和远程控制。

1）本地控制

本地控制是指在受控家居产品附近，通过智能开关、无线遥控器、平板电脑及家用电器本身的操作按键等，对家居产品进行各种控制。

① 智能开关控制。

智能开关控制是指利用智能面板、智能插座对家庭照明灯具或电器进行控制，与传统方式不同的是，用户可以在家中的多个地点，用多种手段对家电进行控制，包括用一个按键组合控制多个家电，即"情景控制"。

② 无线遥控器控制。

无线遥控器可以对家用电器进行简单模式控制，也可以与红外转发器及控制主机配合，将家中原有的各种红外遥控器的功能存储在智能家居的红外转发器中，实现一个无线遥控器控制空调、电视、DVD、功放、有线电视机顶盒等红外线遥控电器。

③ 主机控制。

智能主机是整个智能家居系统的核心，它通过互联网、移动网络和室内无线网，对输入的信号进行分析处理，形成新的输出信号（即各种操作指令），再通过室内无线网发出，完成灯光控制、电器控制、场景设置、安防监控等操作。在紧急情况下还可以通过室外互联网、移动网络向远端用户手机或 PC 发送家里的安防报警信息。

④ 计算机和平板电脑控制。

使用计算机或者平板电脑下载、安装相应厂商提供的智能家居主机专用软件后，就可以在计算机或平板电脑上完成所有操作。

2）远程控制

远程控制一般是指在远离住宅的地方，利用互联网，通过手机或计算机对家居产品进行操作。使用前，用户的智能手机需要先下载、安装相应的 App，再通过 App 连接到厂商提供的智能家居云平台访问自家的智能主机，进而实现手机端的控制。

3.2.2 智能家居通信控制技术

目前智能家居通信控制技术总体上分为有线和无线两大类，如图 3-3 所示。

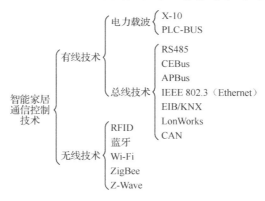

图 3-3 智能家居通信控制技术分类

1. 有线技术

1）电力载波

电力载波技术起源于美国，主要代表技术为 X-10 和 PLC-BUS 两种。

X-10 通信协议以家庭内的电力线缆为通信载体，用于家庭安全监控、电器控制等家庭自动化系统。其缺点是许多设备间进行单向通信，没有反馈机制，通信效率很低。

PLC-BUS 协议起源于荷兰，是一种高稳定性、性价比较高的双向电力线缆通信总线技术。PLC-BUS 主要由发射器、接收器和系统配套设备组成。该系统对弱电布线的唯一要求是每个开关盒里都必须有零线和火线。

2）总线技术

总线技术是现代控制技术、计算机技术和通信技术相结合的产物。它在实际工程应用中体现出强大的生命力。每个现场控制单元具有数字处理和双向高速通信的能力，采用分散控制，网络规模大且具有高稳定性。目前世界上总线技术的标准多达 200 种，有很多应用于建筑物的总线技术，它们大多数是某个具体应用的解决方案。

下面分别叙述几种有代表性的总线技术的特点。

（1）RS485 总线。

RS485 总线使用差分电压传输方式，一般采用总线型网络结构，总线节点数有限，使用标准 485 收发器时，单条通道的最大节点数为 32 个，传输距离较近（约 1.2km），传输速率低，传输可靠性较差。对于单个节点，电路成本较低，设计容易，实现方便，维护费用较低。

从严格意义上讲，RS485 并不是一个完整的总线技术标准，仅仅定义为物理层和链路层的通信标准，许多厂商采用其技术全新定义了自己的总线技术标准，比较有代表性的是美国 Honeywell 的 C-Bus 总线技术。

（2）CEBus 总线。

CEBus（Consumer Electronics Bus）是美国电子工业协会（EIA）为消费电子产品制定的一种通信标准，是家用电器之间通信所使用的五种类型的介质（电力线、无线、红外、双线和同轴电缆）中信号的传输标准。信号传输速率和系统容量分别是 10kbit/s 和 4G。

（3）LonWorks 总线。

LonWorks 总线是美国 Echelon 公司开发并与 Motorola 和东芝公司共同倡导的现场总线技术，它支持多种物理介质，适用于双绞线、电力线、光缆、射频、红外等，并可在同一网络中混合使用。LonWorks 协议支持多种拓扑结构，可以选用任意形式的网络拓扑结构，组网方式灵活。LonWorks 的最高传输速率为 1.25Mbit/s（有效距离为 130m），最远通信距离为 2700m（双绞线，传输速率为 78kbit/s），节点总数可达 32000 个。LonWorks 的特点使之非常适用于建筑的自动化系统。

（4）APBus 总线。

APBus 总线是中国目前唯一拥有自主知识产权的总线技术。它是一种针对家庭的全分布式的智能控制网络技术，这点与 LonWorks 技术相似。APBus 总线具有双向通信能力及互操作性和互换性，其控制部件都可以编程。信号传输速率和系统容量则与 CEBus 一样，分别是 10kbit/s 和 4G。

（5）CAN 总线。

CAN（Controller Area Network）总线是一种支持分布式控制和实时控制的对等式现场总线。其使用差分电压传输方式，总线节点数有限，使用标准 CAN 收发器时，单条通道的最大节点数为 110 个，传输速率范围是 5kbit/s～1Mbit/s，传输介质可以是双绞线或光缆，任意两个节点之间的传输距离可达 10km。对于单个节点，电路成本高于 RS485，传输可靠性较高，界定故障节点十分方便，维护费用较低。

（6）KNX 总线。

KNX 总线是目前世界上唯一的适用于家居和楼宇自动化控制领域的开放式国际标准。KNX 总线的传输介质有双绞线、同轴电缆，还支持使用无线电来传输 KNX 信号。无线信号传输频宽为 866MHz（短波设备），最大发射能量为 25mW，传输速率为 16384kbit/s，也可以打包成 IP 信号传输。通过这种方式，LAN 和互联网也可以用来发送 KNX 信号。应用 KNX 接口实现远程控制的示例如图 3-4 所示。

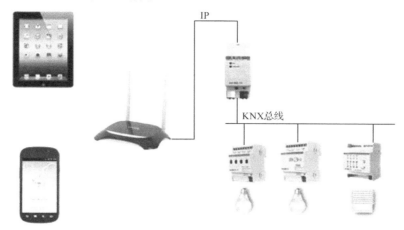

图 3-4　应用 KNX 接口实现远程控制的示例

智能家居总线参数比较表见表 3-1。

表 3-1　智能家居总线参数比较表

总　　线	X-10 与 PLC-BUS	RS485	IEEE 802.3 （Ethernet）	EIB/KNX	LonWorks	CAN
起源时间	1976 年	1983 年	1980 年	1999 年	1990 年	1970 年
传输线（介质）	电力线	两芯双绞线	8 芯双绞线	专用线缆	双绞线、同轴电缆、光纤、无线	专用电缆
传输距离/m	X-10：200 PLC-BUS：2000	1200	100	1000	2700	10000
网络结构	总线型、星形	总线型	星形	总线型、星形	总线型、星形等	总线型
传输速率/ （bit/s）	100～200	300～9600	10M～1000M	9600	300～1.25M	9600
协议规范	行业级	无	国际级 TCP/IP	国家级	国际级 LONTALK	行业级或私有
典型应用领域	智能家居	工业自动化	互联网	智能建筑	工业自动化	多种行业

2．无线技术

无线技术可以将家庭内部的各种电器和电气子系统通过无线方式连接在一起，采用统一的通信协议，对内可实现资源共享，对外可通过网关与外部网络进行通信。无线技术主要包括 RFID、蓝牙、Wi-Fi、ZigBee、Z-Wave 等。

1）RFID

射频识别（RFID）技术是一种近距离、低复杂度、低功耗、低速率、低成本的无线通信技术，通过无线频率（315MHz、433.92MHz、868MHz、915MHz 等）实现灯光、窗帘、家电等的遥控功能。这种技术的优点是部分产品无须重新布线，不会破坏原有家居的美观度，安装、设置也都比较方便，主要应用于对某些特定电器的控制。射频识别技术在智能家居中应用的特点如下。

① 无线信号的穿透性强。
② 成本低，并发容易。
③ 安装简单，方便使用。
④ 功耗低。
⑤ 延时短。

目前其存在的问题如下。

① 网络安全可靠性较差。
② 数据传输速率只有 9600bit/s，数据碰撞现象多。
③ 抗干扰能力差。
④ 无双向反馈功能，用户无法查看现场设备的状态。

2）蓝牙

蓝牙是一种支持设备短距离通信（10m 内）的无线技术。利用蓝牙技术，能够有效地简化移动通信终端设备之间的通信，也能够简化设备与 Internet 之间的通信，从而使数据传输变得更加迅速、高效。蓝牙采用分散式网络结构及快跳频和短包技术，支持点对点及点对多点通信，信号工作在 2.4GHz 频段。蓝牙技术的特点包括：功耗低、应用范围广、易于安装和设置、距离近、节点少。

3）Wi-Fi

Wi-Fi 标准就是 IEEE 802.11 无线局域网标准。Wi-Fi 通常用于将计算机、手持设备等终端，以无线方式互相连接。Wi-Fi 目前存在的问题包括：功耗高、对路由器要求高、组网能力差、通信距离短等。

4）ZigBee

ZigBee 标准就是 IEEE 802.15.4 个人局域网标准（PAN），是 ZigBee 联盟发起的开放式无线标准。它是一种近距离、低复杂度、低功耗、低速率、低成本的双向无线通信技术，主要用于距离短、功耗低且传输速率不高的各种电子设备之间进行数据传输。ZigBee 技术工作在 2.4GHz 频段，传输速率最高达 250kbit/s，典型传输距离为 5～100m。该技术的特点包括：低功耗、低速率、低成本、抗干扰能力强、保密性强、可靠性高。

5）Z-Wave

Z-Wave 是一种新兴的基于射频的低成本、低功耗、高可靠性的短距离无线通信技术。Z-Wave 工作在 908.42MHz（美国标准）或 868.42MHz（欧洲标准），采用数字 FSK 调频方式，数据传输速率为 9.6kbit/s，典型传输距离为 5～100m。

Z-Wave 是低功耗和低成本的无线技术，目前 Z-Wave 第五代芯片模组的休眠待命电流只有 1μA。该技术专门针对窄带应用，并采用了创新的软件解决方案以取代成本较高的硬件，有效控制了成本。

Z-Wave 技术在一个智能家居系统中，能够实现 232 个节点接入，而一般家庭的设备数量不会超过 30 个。

智能家居无线技术比较见表 3-2。

表 3-2　智能家居无线技术比较

无线技术	RFID	蓝牙	Wi-Fi	ZigBee	Z-Wave
起源时间	1894 年	1998 年	1997 年	2001 年	2005 年
工作频率/Hz	315M、433M 等	2.4G	2.4G	2.4G	908.42M、868.42M
调制方式	模拟-数字	数字	数字	数字	数字
典型功率	5mW	2.5mW	终端：36mW AP：320mW	1mW	1mW
典型传输距离	50～100m	10m	50～300m	5～100m	5～100m
网络结构	点到点	微网和分布式网络	蜂窝网络	动态自由组网	动态自由组网
传输速率	1.2～19.2kbit/s	1Mbit/s	1～600Mbit/s	250kbit/s	9.6kbit/s
网络容量	取决于协议	8，可扩充至 8+255	50，取决于 AP 性能	255，可扩充至 65000	232
协议规范	VES-128	蓝牙技术联盟	IEEE 802.11	IEEE 802.15.4	Z-Wave 联盟
安全加密	无加密	密钥，采用四个线性反馈移位寄存器	WEP、WPA 等	循环冗余校验（CRC），AES-128 加密算法	无加密
典型应用	遥控、门铃	鼠标、耳机、手机、计算机等	无线局域网	物联网所有领域	智能家居、消费电子

3.2.3　智能家居电气设计规范及要求

1. 智能家居电气设计规范

我国的行业标准 JGJ 242—2011《住宅建筑电气设计规范》自 2012 年 4 月 1 日起实施。下面简要介绍有关条文。

（1）住宅建筑电气照明的设计应符合现行国家标准 GB 50034—2013《建筑照明设计标准》、GB 51348—2019《民用建筑电气设计规范》的有关规定。

（2）住宅建筑常用设备电气装置的设计应符合现行国家标准 GB 51348—2019《民用建筑电气设计规范》的有关规定。

（3）住宅建筑电源布线系统的设计应符合国家有关标准的规定。住宅建筑配电线路的直敷布线、金属线槽布线、矿物绝缘电缆布线、电缆桥架布线、封闭式母线布线的设计应符合现行国家标准 GB 51348—2019《民用建筑电气设计规范》的有关规定。

（4）电源布线系统宜考虑电磁兼容性和对其他弱电系统的影响。

（5）住宅建筑应采用高效率、低耗能、性能先进、耐用可靠的电气装置，并应优先选择采用绿色环保材料制造的电气装置。

（6）每套住宅内同一面墙上的暗装电源插座和各类信息插座宜统一安装高度。

（7）住宅建筑的照明应选用节能光源、节能附件，灯具应选用绿色环保材料。

2. 智能家居电气设计要求

智能家居照明设计要求如下。

（1）集中控制和多点操作。一个终端可以控制不同地方的灯，或者在不同地方的终端可以控制同一盏灯。

（2）灯光明暗能调节。允许对灯光进行不同亮度的调节。

（3）定时控制。通过对照明部件进行策略设置，可以实现定时开关灯和亮度控制。

（4）情景设置。可以通过预设情景模式，实现一个按键控制一组灯，或者实现灯与其他家电的组合控制，具体的情景模式有回家模式、离家模式等。

（5）与安防联动。可以设定为当有外人闯入，或烟雾探测器感应到火灾时，让家中的报警灯不停闪烁（可以将报警灯放置在阳台等比较醒目的地方）。

3. 智能家居电气设计的相关产品

常见的智能家居电气产品有智能开关、调光开关、情景控制面板、RGB控制盒、智能插座、ZigBee红外转发器、窗帘控制盒、智能门锁等，这些产品大多数是基于ZigBee技术连接到智能家居网关上来实现用户控制的。

如图3-5所示为灯光控制系统，图中所有的开关都和ZigBee智能家居主机（智能家居网关）连接，开关和灯具之间则采用标准化的供电线缆相连。下面针对各种开关设备的特点和部署方式进行详细介绍。

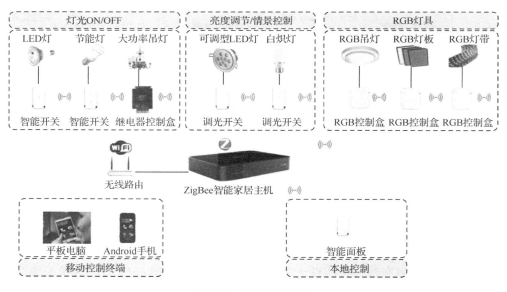

图3-5　灯光控制系统

1）智能开关

智能开关如图3-6、图3-7所示。智能开关配合ZigBee智能家居主机一起使用，用户可以通过手机或者平板电脑对智能开关进行遥控，智能开关具有实时反馈功能。

常见的智能开关有一路、二路和三路开关三种，本书配套的实训台采用了一个二路开关，即一个开关控制两路灯具，智能开关的物理尺寸和普通家用86型开关面板一致。智能开关自带 ZigBee 通信模块，工作在 2.4GHz，采用 ZigBee HA 协议自主入网技术，支持 ZigBee 自组网，支持 AES-128 位密钥动态加密。智能开关既可以使用手动触摸的方式进行控制，也可以接收智能家居主机的控制信号实现自动控制。

图 3-6　智能三路开关

图 3-7　智能二路开关

2）情景控制面板

情景控制面板如图 3-8 所示，可以设置多种情景模式，如离家模式、在家模式、娱乐模式等。它可安装于床头、走道两头、上下楼梯处、入户门处，用户可以使用手机远程控制它，也支持手动触摸操作方式。

3）调光开关

调光开关如图 3-9 所示，主要用于连接可调光 LED 灯具，实现室内灯具的无级调光。

图 3-8　情景控制面板

图 3-9　调光开关

4）RGB 控制盒

RGB 控制盒可与普通的 RGB 灯带或灯板连接，灯控信号通过 ZigBee 网络连接到 ZigBee 智能家居主机。通过手机上的 App 就可以轻松调节灯光的颜色和明暗，如图 3-10 所示。

RGB 控制盒属于弱电设备，供电电压一般在 DC 12～24V。

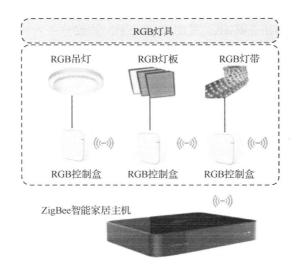

图 3-10　RGB 控制盒

5）智能家居中灯控设备的位置设计

如图 3-11 所示为某住宅一楼灯控系统平面图。

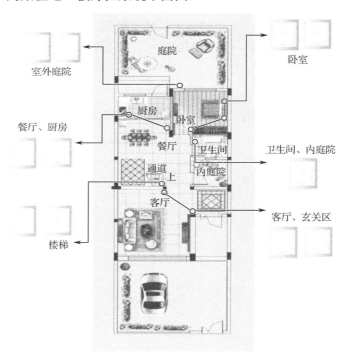

图 3-11　某住宅一楼灯控系统平面图

在设计智能家居灯控设备安装位置时，应重点关注以下几个区域。

① 客厅、玄关区。

主要设备：智能开关+情景控制面板。

主要设计需求：

● 客厅和玄关区照明智能控制；

● 整个住宅出入口场景控制。

② 餐厅、厨房。

主要设备：智能开关。

主要设计需求：餐厅、厨房照明智能控制。

③ 卧室。

主要设备：智能开关+情景控制面板。

主要设计需求：照明控制。

④ 卫生间、内庭院。

主要设备：智能开关。

主要设计需求：照明控制。

⑤ 楼梯。

主要设备：智能开关+情景控制面板。

主要设计需求：

● 楼梯照明智能控制；

● 楼梯照明两地控制（在一楼控制其他楼层照明）。

⑥ 室外庭院。

主要设备：智能开关+情景控制面板。

主要设计需求：

● 室外照明；

● 住宅的回家模式或离家模式控制。

⑦ 客厅、餐厅。

主要设备：RGB 控制盒+智能开关+RGB 灯带。

主要设计需求：在客厅、餐厅安装 RGB 灯带，可在会客、聚餐或家庭活动时产生更加绚丽的灯光，如图 3-12 所示。

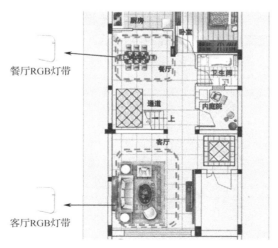

图 3-12 某住宅一楼 RGB 灯带的部署

6）智能窗帘控制盒（多功能控制盒）

智能窗帘控制盒是一款多功能 ZigBee 设备，它可以与普通窗帘电机连接，用手机 App

可以轻松控制窗帘的开启和关闭，让普通窗帘迅速变成可遥控的智能窗帘，如图 3-13 所示。另外，智能窗帘控制盒也适用于控制大型电器。

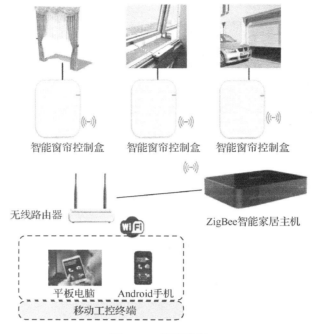

图 3-13　窗帘控制

智能窗帘控制盒属于弱电强电兼容设备，本身支持三种工作模式（强电电机模式、弱电电机模式、继电器模式）。智能窗帘控制盒上带有跳线开关，可以手动设置三种模式的切换。

7）窗帘电机

智能窗帘控制盒向电机传递信号，实现电机的正转、反转或停止，从而使窗帘打开、关闭或停止。窗帘电机一般有三根电源线，分别为正转相线、反转相线和零线。该设备属于通用电气部件，使用 220V 交流电供电，如图 3-14 所示。

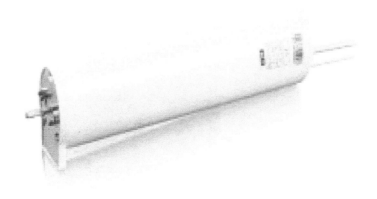

图 3-14　窗帘电机

8）智能家居中窗帘控制系统的部署

如图 3-15 所示为某住宅一楼智能窗帘控制系统的部署，主要分布在以下几个位置。

图 3-15　某住宅一楼智能窗帘控制系统的部署

① 餐厅、客厅、卧室。

设备：智能窗帘控制盒+窗帘电机。

设计功能：餐厅、客厅、卧室的窗帘自动控制和情景控制。

② 车库门。

设备：智能窗帘控制盒（强电模式）。

设计功能：通过手机对车库门进行远程控制。

9）ZigBee 红外转发器

ZigBee 红外转发器（图 3-16）是一款对红外家电设备（如空调、电视、机顶盒、投影仪等）进行无线遥控的智能控制器。通过对普通红外家电红外码的学习，ZigBee 红外转发器就可以通过 ZigBee 信号转发学习过的红外码，用户可利用手机或平板电脑上的 App 来轻松控制红外家电，设备也可以配合智能家居情景模式操作，执行一键开启/关闭家庭影院模式。

ZigBee 红外转发器的安装十分简便，可以采用吸顶安装方式，也可以采用侧挂安装方式或直接平置在桌面上，如图 3-17 所示。其红外发射角度为 360°，能全方位覆盖，可以实现高灵敏度、高准确度控制。

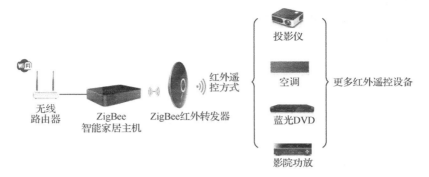

图 3-16　ZigBee 红外转发器

图 3-17　ZigBee 红外转发器的安装方式

3.2.4　智能家居安防系统的功能及设计规范

1. 智能家居安防系统的功能

智能家居安防系统主要通过智能家居主机与各种感应设备配合，实现对各个防区报警信号的及时收集与处理。通过本地声光报警器、电话或短信报警，向用户预设的电话或短信号码、手机 App 等发送报警信息，直到用户接警系统撤防为止。用户根据报警情况，可以及时通过网络摄像头观察现场，以确认是否有紧急事件发生。智能家居安防系统主要有以下几项功能。

（1）远程实时监控功能。用户可以使用安装在计算机或手机上的监控客户端软件，通过互联网远程查看家中的监控视频。

（2）远程撤防、远程设防与远程报警功能。

（3）图像存储功能。视频监控系统能够将监控场所的视频保存在本地存储器或网络硬盘上，用户随时可以通过客户端软件回放监控录像。

（4）具备夜视、云台等控制功能。无线摄像头配备了 ICR 红外滤光片，支持夜视监控；同时配备了云台，机身可以在 340°范围内旋转，摄像头部分也可以上下移动，仰角可达 140°，监控范围在一定程度上来说是全景无死角的。

2．智能家居安防系统的设计规范

智能家居安防系统设计主要遵循以下标准及规范。

（1）《智能建筑设计标准》（GB/T 50314—2006）。

（2）《住宅设计规范》（GB 50096—2011）。

（3）《建筑智能化系统工程设计标准》（DB 11/T1439—2017）。

（4）《城市住宅建筑综合布线系统工程设计规范》（CECS/119—2000）。

（5）《民用建筑电气设计规范》（GB 51348—2019）。

（6）《住宅建筑电气设计规范》（JGJ 242—2011）。

（7）《民用闭路监视电视系统工程技术规范》（GB 50198—2011）。

（8）《工业电视系统工程设计规范》（GB 50115—2009）。

（9）《火灾自动报警系统设计规范》（GB 50116—2013）。

（10）《建筑内部装修设计防火规范》（GB 50222—2017）。

（11）《综合布线系统工程设计规范》（GB 5031—2007）。

（12）《住宅小区安全防范系统通用技术要求》（GB/T 21714—2008）。

（13）《住宅小区安全技术防范系统要求》（GB 31294—2010）。

3．智能家居安防系统的相关产品

智能家居安防系统的相关产品主要包括网络摄像头、人体红外传感器、门窗传感器（门磁）、烟雾探测器、智能门锁、可视对讲机等。其中，智能门锁、人体红外传感器、门窗传感器和烟雾探测器是基于 ZigBee 协议与智能家居网关相连实现控制的；网络摄像头、可视对讲机等由于对数据传输速率要求较高，采用以太网 IP 数据流的方式，直接连入家中的无线路由器，以满足视频、对讲等应用需求。

如图 3-18 所示为某安防系统产品部署示例。网络摄像头可以安装在庭院、车库、客厅及玄关等处，不同位置还可以选择不同类型的摄像头，如车库或大院门口的实时监控可以选用户外枪型摄像头，家中庭院的实时监控可以选用球机式摄像头，客厅或玄关位置可以选用室内高清摄像头。人体红外传感器可以部署在户外庭院，也可以部署在室内玄关、客厅、卧室等位置。门窗传感器一般部署在面朝户外的门窗位置，可在主人离家时监控门窗是否被不正常开启。智能门锁与可视对讲机安装在大门处。烟雾探测器可以安装于家中可能发生火灾的客房、客厅、储物区、地下室和阁楼等处。

1）人体红外传感器

人体红外传感器基于人体红外光谱探测技术，当人体在其探测范围内活动时，通过感应人体释放的红外线来探测人的移动，可实现家居安防报警和自定义设备联动功能。

如图 3-19 所示为人体红外传感器，采用两节 5 号电池供电，可探测范围为横向 120°，检测距离为 7m。该设备基于 ZigBee 协议与 ZigBee 网关进行通信。

2）门窗传感器

门窗传感器由无线发射模块和永久磁铁两部分组成，如图 3-20 所示。

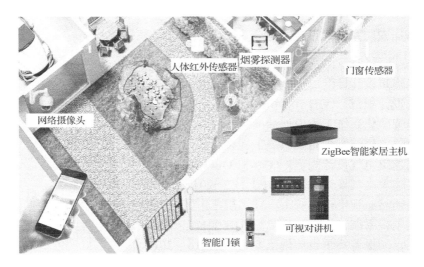

图 3-18　某安防系统产品部署示例

图 3-19　人体红外传感器

图 3-20　门窗传感器

在无线发射模块中，有一个被称为"干簧管"的元件，当磁铁与干簧管之间的距离小于 1.5cm 时，与干簧管串联的电路处于断开状态，输出高电平；而当磁铁远离干簧管时，电路就会处于闭合状态，输出低电平；无线发射模块将高低电平处理成数字信号传递给智能家居主机。

门窗传感器是用来探测门、窗、抽屉等是否被非法打开或移动的。一般盗贼从门窗进入住宅的方法有两种：一种是偷到主人的钥匙，把门打开；另一种是借助工具把门窗撬开。不论采用何种方法进入，都必须推开住宅门，门必将产生位移。此时，固定在门两侧的传感器与磁铁也随之产生位移，无线发射模块就会产生报警信号。门窗传感器一般采用一颗 CR2032 纽扣电池供电，该设备同样基于 ZigBee 协议与 ZigBee 网关进行通信。

3）烟雾探测器

烟雾探测器是一种用于判断空气中烟雾粒子浓度的探测器。它基于烟雾粒子对光的吸收和散射作用。烟雾探测器内部有红外发射管和红外接收管。在无烟环境下，红外接收管几乎接收不到来自红外发射管的信号。当火灾发生时，会有大量烟雾进入探测器内部，由于烟雾对光线的散射作用，会使红外接收管接收到一个较弱的信号，此时烟雾探测器内部的放大电路会对该信号进行 200～400 倍的放大。同时，触发电路对放大后的电信号进行阈值判别，若超过报警的临界点，则无线发射模块会立刻发出烟雾报警信息，并送至智能家居主机。烟雾探测器内置的声响报警装置会瞬间发出高达 85dB 的报警铃声。

图 3-21 烟雾探测器

如图 3-21 所示的烟雾探测器采用一颗 CR123A 锂电池供电，该设备基于 ZigBee 协议与 ZigBee 网关进行通信。

烟雾探测器一般安装在天花板上，且天花板的中央是首选位置，如图 3-22 所示。为了及时检测到烟雾，烟雾探测器应与灯具或装饰物保持至少 30cm 的水平距离，大厅如果超过 12m^2，应将烟雾探测器安装在大厅的两端，但需要远离墙壁和角落至少 15cm（天花板与墙壁交界处水平/垂直 15cm 区域属于不流动空气区域，烟雾不易到达，安装时要避开这一区域）。

斜顶天花板应将烟雾探测器安装在距顶尖水平方向 90cm 处的天花板上，如图 3-23 所示。

图 3-22 烟雾探测器安装位置

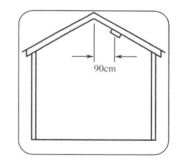

图 3-23 斜顶天花板安装位置

4）智能门锁

智能门锁是指在用户识别、安全性、管理性方面具有智能化的锁具。智能门锁包括指纹锁、电子密码锁、电子感应锁、联网锁、遥控锁等。智能家居中一般采用 ZigBee 智能门锁。如图 3-24 所示的智能门锁型号为 OR-K9113（国标大锁体），它是一款可通过指纹识别（可注册 100 个指纹）、密码（10 组密码）、感应卡（100 张）及手机客户端软件开锁的智能门锁。它内置 ZigBee 模块，用户可通过网络远程开锁，开锁时须输入密码，既智能又安全。

5）网络摄像头

网络摄像头是传统摄像头与网络视频技术相结合的新一代产品。网络摄像头除了具备传统摄像头的图像捕捉功能，还内置了数字化压缩编码器和基于 Web 的操作系统，视频数据经压缩、加密后，通过局域网、Internet 或无线网络送至终端用户，用户可在 PC 上使用标准的网络浏览器，根据网络摄像头的 IP 地址对网络摄像头进行访问，实时监控现场的情况，并可对图像资料实时编辑和存储，还可以控制网络摄像头的云台和镜头，进行全方位监控。

如图 3-25 所示的网络摄像头型号为 TP6C，该设备采用了 F1.8 光圈的镜头，搭配 1/4 英寸、100 万像素的 iBGA CMOS，最大红外距离为 10m。该设备采用 DC 5V 电源供电，除了支持有线网络连接，还支持 802.11b/g/n 无线 Wi-Fi 网络连接。

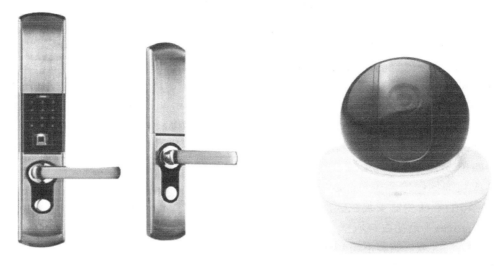

图 3-24　智能门锁　　　　　　　　　　　　　图 3-25　网络摄像头

6）可视对讲机

可视对讲机可以实现访客与住户之间的双向可视通话，以及图像、语音双重识别，从而增强安全性和可靠性，同时节省大量的时间。

可视对讲机主要由室内机、门口机、管理中心机等组成。

（1）室内机。

室内机主要有对讲及可视对讲两大类产品，基本功能为对讲（可视对讲）、开锁。随着技术的不断进步，许多产品还具备了监控、安防报警、设防撤防、户户通、信息接收、远程电话报警、留影留言提取、家电控制等功能。

（2）门口机。

门口机是可视对讲机的关键部分。门口机显示界面有液晶及数码管两种。门口机除呼叫住户的基本功能外，还要具备呼叫管理中心的功能，红外辅助光源、夜间辅助键盘背光等也是门口机必须具备的功能，门口机上可以实现刷卡开锁功能，许多产品还提供回铃音提示、键音提示、呼叫提示及各种语音提示等功能。

（3）管理中心机。

管理中心机一般具有呼叫、报警接收等基本功能，是小区联网系统的基本设备。使用计算机作为管理中心机极大地扩展了可视对讲机的功能，很多管理中心机还集成了三表、巡更等系统，配合系统硬件，可以实现信息发布、小区信息查询、物业服务、呼叫及报警记录查询、设防撤防记录查询功能。

如图 3-26 所示，目前主流的可视对讲机都采用基于 TCP/IP 的数据通信方式，这种联网方式以交换机为中心节点，通过网线把管理中心机、门口机及各室内机连接在一起。其优点是可提供更高的数据带宽、安装更简单、联网设备数量更大，还可以跨地域或者跨城联网。

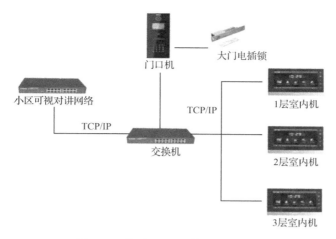

图 3-26 基于 TCP/IP 的可视对讲机

3.2.5 智能家居环境监控系统的功能及设计规范

1. 智能家居环境监控系统的功能

从目前智能家居的发展趋势来看，智能家居环境监控系统主要具有以下几项功能。

（1）室内温湿度监控。

（2）室内空气质量监控。

（3）室内防水监控。

（4）户外气候监控。

2. 智能家居环境监控系统的设计规范

智能家居环境监控系统设计应遵循以下标准及规范。

（1）《民用建筑工程室内环境污染控制规范》（GB 50325—2010）。

（2）《室内空气质量标准》（GB/T 18883—2002）。

（3）《环境空气质量标准》（GB 3095—2012）。

（4）《住宅设计规范》（GB 50096—2011）。

其中，《民用建筑工程室内环境污染控制规范》项目4规定民用建筑工程验收时，必须进行室内环境污染物浓度检测，其限量应符合表 3-3 中的规定。

表 3-3 民用建筑工程室内环境污染物浓度限量

污 染 物	Ⅰ类民用建筑工程	Ⅱ类民用建筑工程
氡（Bq/m^3）	≤200	≤400
甲醛（mg/m^3）	≤0.08	≤0.10
苯（mg/m^3）	≤0.09	≤0.09
氨（mg/m^3）	≤0.2	≤0.2
TVOC（mg/m^3）	≤0.5	≤0.6

《住宅设计规范》中规定了住宅室内空气污染物的活度和浓度，应符合表 3-4 中的规定。

表 3-4　住宅室内空气污染物限值

污染物名称	活度、浓度限值
氡	≤200（Bq/m³）
游离甲醛	≤0.08（mg/m³）
苯	≤0.09（mg/m³）
氨	≤0.2（mg/m³）
TVOC	≤0.5（mg/m³）

根据 PM2.5 监测网的空气质量标准，标准值分布见表 3-5。

表 3-5　PM2.5 标准值分布

空气质量等级	PM2.5 平均值（μg/m³）
优	0～35
良	35～75
轻度污染	75～115
中度污染	115～150
重度污染	150～250
严重污染	大于 250

3. 智能家居环境监控系统的相关产品

智能家居环境监控系统的相关产品有温湿度传感器、水浸传感器、一氧化碳报警器、可燃气体探测器等，下面分别介绍这几款产品的技术原理及部署方法。

1）温湿度传感器

由于温度和湿度与人们的生活有密切的关系，所以温湿度一体的传感器应运而生。温湿度传感器是指能将温度量和湿度量转换成容易被测量和处理的电信号的设备或装置。市场上的温湿度传感器可以测量温度和相对湿度。

对于家庭用户而言，室内环境的温湿度直接决定了家居环境的舒适度，如何营造良好的居住环境非常重要，夏天不能让空调太冷，冬天也不能让室温过高或过于干燥，因此温湿度传感器成为了智能家居系统不可或缺的组件。温湿度传感器可以实时监测家中的环境变化，并通过无线通信模块将温湿度信息反馈给智能家居主机，使智能家居主机联动其他家电或发出报警提示。

在智能家居中，可将温湿度传感器放在卧室，实时监测温湿度变化情况，如果偏离舒适区间，则联动对应家电，如自动开启或关闭加湿器、将空调调到合适的温度，以营造更舒适的体息环境。

若将温湿度传感器放在衣柜中，当检测到湿度偏高时，可提醒主人更换除湿剂，避免衣物发霉。

温湿度传感器如图 3-27 所示。

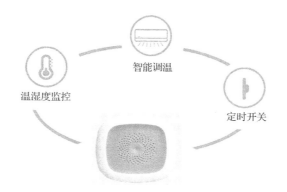

图 3-27 温湿度传感器

智能家居中采用的温湿度传感器一般用 CR2450 纽扣电池供电，基于 ZigBee 协议与 ZigBee 网关进行通信。安装时，将温湿度传感器的双面胶背膜撕下，将设备贴在所需区域的墙面上即可。

2）水浸传感器

水浸传感器基于液体导电原理，用电极探测是否有水存在，正常无水时两极探头被空气绝缘，在浸水状态下探头导通，传感器输出信号，当探头浸水高度超过预设的警戒值后，通过无线发射模块将报警信号发送到智能家居主机。该产品广泛用于地下室、机房、宾馆、水塔、水窖、水池、厨房、卫生间等漏水、溢水或水位的探测。

智能家居中，可以将水浸传感器放置在浴室中，当检测到浴室积水过多时可以提醒主人，防止老人、小孩进入浴室滑倒，也可以避免家中停水后水龙头忘记关掉带来的麻烦。

将水浸传感器放在窗户边上，可以实时感应屋外是否下雨、雨量大小情况，以联动推窗器实现自动关窗。

水浸传感器如图 3-28 所示，它采用一颗 CR2032 纽扣电池供电，基于 ZigBee 协议与 ZigBee 网关进行通信。

水浸探头　　　　　　　　　　　　　　水浸传感器主体

图 3-28 水浸传感器

安装时，将水浸传感器主体的双面胶背膜撕下，将设备贴在所需区域的墙面上，水浸探头放置在需要探测水量的位置即可，安装位置如图 3-29 所示。

3）一氧化碳报警器（CO 报警器）

一氧化碳报警器是智能家居环境监控系统的一个重要组成部分。

一氧化碳报警器通过一氧化碳传感器感应空气中一氧化碳气体的浓度，并将其转变成电信号，电信号的大小跟一氧化碳的浓度有关。一氧化碳报警器按所使用的传感器来分类，一般分为半导体一氧化碳报警器、电化学一氧化碳报警器、红外一氧化碳检测仪等。性能最好的是红外一氧化碳检测仪，但其价格昂贵，民用的一般为半导体或电化学一氧化碳报警器，其中又以电化学一氧化碳报警器为主流。电化学一氧化碳报警器采用零功耗电化学一氧化碳传感器作为敏感元件，利用定电位电解法进行氧化还原电化学反应，检测扩散电流便可得出一氧化碳气体的浓度。电化学一氧化碳报警器一般采用电池供电，误报率低，功耗低，即使市电停电也不影响使用。

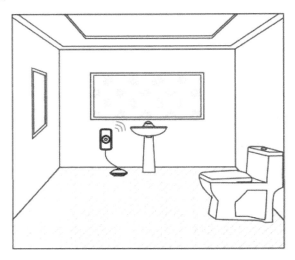

图 3-29　水浸传感器安装位置

图 3-30　一氧化碳报警器

如图 3-30 所示为一氧化碳报警器。该产品基于 ZigBee 协议与 ZigBee 网关进行通信，采用一颗 CR123A 锂电池供电，支持声光报警。正常情况下，当室内一氧化碳浓度低于人体安全标准时，一氧化碳报警器不会报警；在一氧化碳浓度持续超过 30ppm 的情况下，120min 内会报警；而当一氧化碳浓度上升到 100ppm 后，10min 内就会报警；若一氧化碳浓度上升到 300ppm，则 3min 内就会报警。

一氧化碳报警器安装时的注意事项如下。

① 一氧化碳报警器探头是检测元件，由铂丝线圈包氧化铝和黏合剂组成，其外表面附有铂、钯等稀有金属，因此，在安装时一定要小心，避免摔坏。

② 一氧化碳报警器的安装高度一般在 160～170cm，以便于维修人员进行日常维护。

③ 一氧化碳报警器是安全仪表，有声光报警功能，应安装在易看到和易听到的地方，以便及时消除隐患。

④ 一氧化碳报警器的周围不能有对仪表工作有影响的强电磁场（如大功率电机、变压器）。

⑤ 应把一氧化碳报警器安装在卧室和生活区域附近所有一氧化碳有可能会泄漏的地方，建议在多层楼房的每一层都安装。选择位置时，要保证每一个睡觉的地方都能听

到报警声。

⑥ 一氧化碳报警器不能用于检测天然气（甲烷）、丙烷、丁烷或其他可燃性气体。

一氧化碳报警器的安装位置如图 3-31 所示。

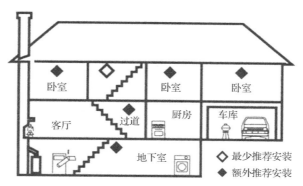

图 3-31　一氧化碳报警器的安装位置

4）可燃气体探测器

可燃气体探测器是检测单一或多种可燃气体浓度的探测器，可燃气体探测器有催化型、红外光学型两种类型。催化型可燃气体探测器利用难熔金属丝加热后的电阻变化来测定可燃气体浓度，当可燃气体进入时，在金属丝表面引起氧化反应（无焰燃烧），其产生的热量使金属丝的温度升高，金属丝的电阻率便发生变化；红外光学型则利用红外传感器通过红外线光源的吸收原理来检测现场环境的烷烃类可燃气体浓度。

如图 3-32 所示为可燃气体探测器。它选用高稳定性半导体式气敏传感器，用于检测可燃气体，预防可燃气体泄漏造成的危害，当探测到有可燃气体泄漏并达到报警设定的浓度时，发出高分贝报警信号，并发射无线信号到智能家居主机上。它一般安装于厨房等有可能产生可燃气体泄漏的室内场所。

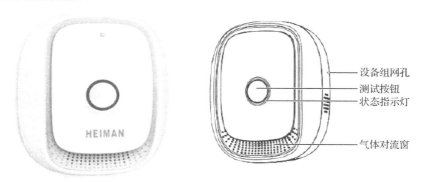

图 3-32　可燃气体探测器

设备背部安装有两极插头，可采用 220V 交流电压直接供电。产品基于 ZigBee 协议与 ZigBee 网关进行通信。

该产品具有一个测试按钮，可检测报警器的 LED 及蜂鸣器能否正常工作，当按下测试按钮时，报警器红色 LED 与黄色 LED 交替闪烁，蜂鸣器发出报警声。

安装可燃气体探测器时，要先确定所需检测的气体比空气重还是比空气轻。检测比空气重的气体，如液化石油气等，应安装于高出地面 0.3~1.0m 处，距气源 1.5m 内；检测比空气轻的气体，如天然气、人工煤气、沼气等，应安装于低于天花板 0.3~1.0m 处，距气源 1.5m 内。气体密度大于 $0.97kg/m^3$ 即认为比空气重，气体密度小于 $0.97kg/m^3$ 即认为比空气轻。如图 3-33 所示为可燃气体探测器的安装位置。

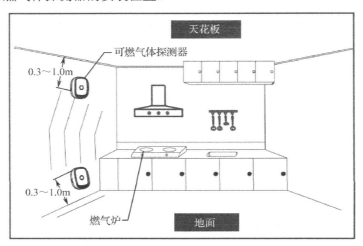

图 3-33　可燃气体探测器的安装位置

4．用 AutoCAD 软件查看家居设计图

1）认识 AutoCAD 软件

AutoCAD 是美国 Autodesk 公司开发的通用计算机辅助绘图与设计软件，AutoCAD 广泛应用于机械、建筑、电子、航天、造船、石油化工、土木工程、冶金、农业、气象、纺织、轻工业等领域的工程图纸设计。该软件具有易于掌握、使用方便、体系结构开放等特点。本书选用 AutoCAD 2012 版本进行介绍。

图 3-34　安装文件

2）AutoCAD 2012 的安装

步骤 1　找到名为 setup.exe 的安装文件，如图 3-34 所示。

运行安装文件，打开安装初始界面，选择"在此计算机上安装"，如图 3-35 所示。

步骤 2　选择接受安装许可协议后，单击"下一步"按钮，输入产品序列号，并单击"下一步"按钮，如图 3-36 所示。

如图 3-37 所示，选择安装路径，使用默认设置即可，单击"安装"按钮。

接下来等待安装进度完成即可，安装程序会自动安装所需的各种组件。

步骤 3　安装完成后，运行 AutoCAD 2012，第一次运行会出现产品激活的提示。如图 3-38 所示，选中"我具有 Autodesk 提供的激活码"单选按钮，然后把正确的激活码输入下面的文本框中，单击"下一步"按钮，完成激活。至此，AutoCAD 2012 安装完成。

图 3-35　安装初始界面

图 3-36　输入产品序列号

图 3-37　设置安装路径

产品:	AutoCAD 2012
序列号:	666-69696969
产品密钥:	001D1
申请号:	0DWC P2CC 1UAS ZSY1 LRE5 Q395 ZE01 SXPZ

要立即激活您的 AutoCAD 2012 许可，请再次选择"立即连接并激活"。如果在激活的过程中您仍然遇到问题，并且您已经向 Autodesk 申请激活码并收到了该激活码，请选择"我具有 Autodesk 提供的激活码"。

○ 立即连接并激活！（建议）

◉ 我具有 Autodesk 提供的激活码

1	2	3	4
5	6	7	8
9	10	11	12 9E7K
13	14	15	16

全部清除

图 3-38　输入产品的激活码

3）认识 AutoCAD 2012 的工作界面

AutoCAD 2012 的工作界面由标题栏、菜单栏、各种工具栏、绘图窗口、光标、命令窗口、状态栏、坐标系图标、模型/布局选项卡和菜单浏览器等组成，如图 3-39 所示。

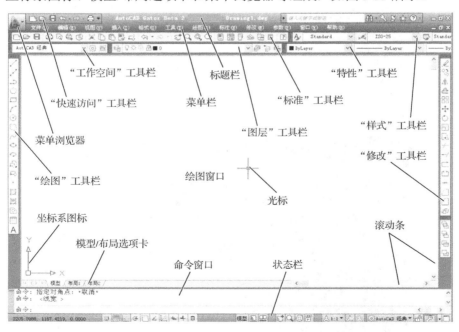

图 3-39　AutoCAD 2012 工作界面

（1）标题栏。

标题栏与其他 Windows 应用程序类似，用于显示 AutoCAD 2012 的程序图标及当前所操作图形文件的名称。

（2）菜单栏。

可利用菜单栏执行大部分命令，单击菜单会弹出相应的下拉菜单。如图 3-40 所示为"视图"菜单，右侧有小三角的菜单项表示它还有子菜单，右侧有省略号的菜单项表示单击该菜单项会打开一个对话框，单击其他菜单项则会执行对应的命令。

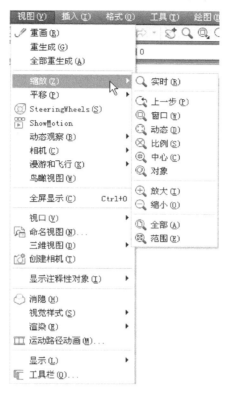

图 3-40 "视图"菜单

（3）工具栏。

AutoCAD 2012 提供了 40 多个工具栏，每个工具栏上均有一些形象化的按钮，单击某按钮，可以使用对应功能，用户可以根据需要打开或关闭任意一个工具栏。方法如下：在已有工具栏上右击，弹出工具栏快捷菜单，通过该菜单实现工具栏的打开或关闭。此外，通过选择菜单"工具"→"工具栏"→"AutoCAD"→相应的命令，也可以打开或关闭各个工具栏。

（4）绘图窗口。

绘图窗口类似于手工绘图时的图纸，是显示所绘图形的区域。

（5）光标。

当光标位于绘图窗口时为十字形状，所以又称十字光标。十字线的交点为光标的当前位置。光标用于绘图、选择对象等操作。

（6）坐标系图标。

坐标系图标通常位于绘图窗口的左下角，表示当前绘图所使用的坐标系的形式及方向等。AutoCAD 2012 提供了世界坐标系（World Coordinate System，WCS）和用户坐标系（User Coordinate System，UCS），世界坐标系为默认坐标系。

（7）命令窗口。

命令窗口用于显示用户从键盘输入的命令和提示信息，默认保留最后 3 行所执行的命令或提示信息，用户可以通过拖动窗口边框的方式改变命令窗口的大小，使其显示多于 3 行或少于 3 行的信息。

（8）状态栏。

状态栏用于显示或设置当前的绘图状态，状态栏左侧的一组数字为当前光标的坐标，其余按钮从左到右分别表示当前是否启用了捕捉模式、栅格显示、正交模式、极轴追踪、对象捕捉、对象捕捉追踪、动态 UCS、动态输入等功能，以及是否显示线宽、当前的绘图空间等信息。

（9）模型/布局选项卡。

模型/布局选项卡用于实现模型与图纸空间的切换。

（10）滚动条。

利用水平和垂直滚动条，可以使图纸沿水平或垂直方向移动，即平移绘图窗口中显示的内容。

（11）菜单浏览器。

菜单浏览器如图 3-41 所示，用户可通过菜单浏览器执行相应的操作。

图 3-41　菜单浏览器

4）使用 AutoCAD 2012 查看家居设计图

本书教学资源中提供了部分事先制作好的智能家居设计图，接下来用 AutoCAD 2012 将相应的图纸文件打开，并进行查看。

步骤 1 单击"标准"工具栏上的打开按钮，打开"选择文件"对话框，找到"智能家居 CAD 设计图纸"目录，选择"智能家居 1 电气设计.dwg"文件并打开，如图 3-42 所示。

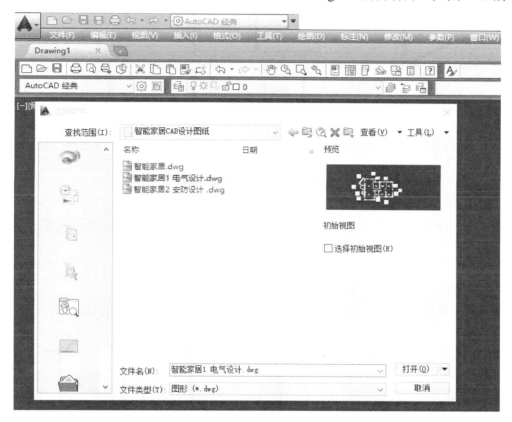

图 3-42 打开文件

步骤 2 查看智能家居电气设计图的相关细节。

如图 3-43 所示为智能家居电气设计图，设计对象以家居中的照明设备为主，也包括可调节的 LED 彩色灯带的布局。智能开关除了具有传统开关的手动功能，还能接收智能家居主机传送的控制信号，以实现远程开关、延时开关、场景模式等功能。该方案针对不同用途的房间设计了不同数量和类型的智能开关。另外，客厅和休闲厅设计有 LED 彩色灯带，使用 RGB 控制盒来进行 LED 彩色灯带的控制，以调节环境氛围。

步骤 3 在同一文件目录下，打开"智能家居 2 安防设计.dwg"文件，查看智能家居安防设计图的相关细节。

如图 3-44 所示为智能家居安防设计图，设计对象包括室内监控摄像头、智能指纹门锁、烟雾探测器、一氧化碳报警器及可燃气体探测器等。该方案针对不同房间设计了不同的设备布局。

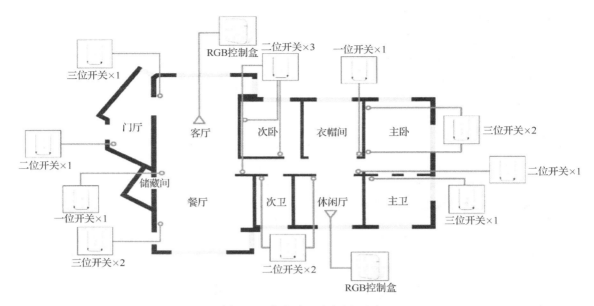

图 3-43　智能家居电气设计图

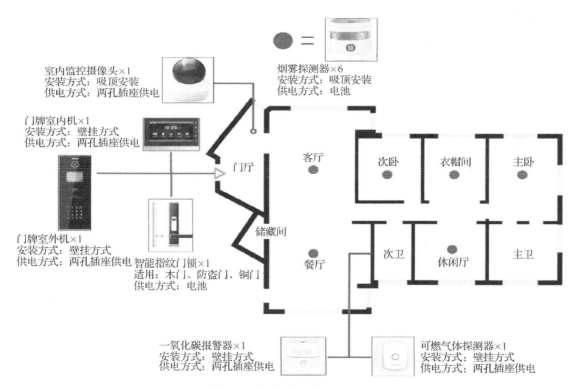

图 3-44　智能家居安防设计图

3.3 分析计划

1. 鱼骨图（图3-45）

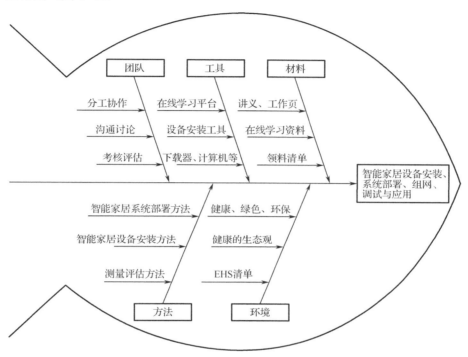

图3-45 鱼骨图

2. 人料机法环一览表（表3-6）

表3-6 人料机法环一览表

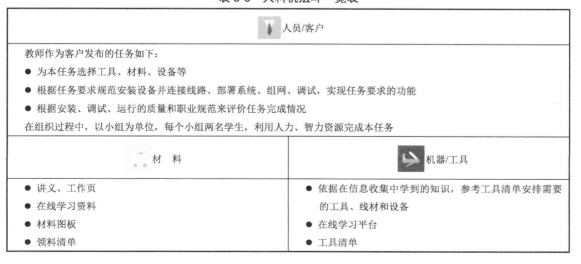

人员/客户
教师作为客户发布的任务如下：
● 为本任务选择工具、材料、设备等
● 根据任务要求规范安装设备并连接线路、部署系统、组网、调试，实现任务要求的功能
● 根据安装、调试、运行的质量和职业规范来评价任务完成情况
在组织过程中，以小组为单位，每个小组两名学生，利用人力、智力资源完成本任务

材料	机器/工具
● 讲义、工作页	● 依据在信息收集中学到的知识，参考工具清单安排需要
● 在线学习资料	的工具、线材和设备
● 材料图板	● 在线学习平台
● 领料清单	● 工具清单

续表

![方法] 方 法	![环境] 环　境 （安全、健康）
● 依据在信息收集中学到的技能，参考控制要求，选择合理的编程与调试流程 ● 制定 1～3 种方法（工艺、流程）	● 绿色、环保的社会责任 ● 可持续发展的理念 ● 健康的生态观 ● EHS 清单

角色分配和任务分工与完成追踪表见表 3-7。

表 3-7　角色分配和任务分工与完成追踪表

序　号	任 务 内 容	参 加 人 员	开 始 时 间	完 成 时 间	完 成 情 况

领料清单见表 3-8。

表 3-8　领料清单

序　号	名　　称	单　位	数　量
1			
2			
3			
4			
5			
6			

设备/工具清单见表 3-9。

表 3-9　设备/工具清单

序　号	名　　称	单　位	数　量
1			
2			
3			

续表

序　号	名　称	单　位	数　量
4			
5			
6			

3.4　任务实施

3.4.1　任务综述

1．任务实施前

再次核查人员分工、材料、工具是否到位；再次确认编程、调试的流程和方法，熟悉操作要领。

2．任务实施中

在安装与调试中，严格执行相关流程，遵守操作规定；按照要求填写工单；任务实施时要"小步慢进"，要实时测量、检验，及时修正。

任务实施中，严格落实EHS的各项规程，见表3-10。

表 3-10　EHS落实追踪表

	通 用 要 素	本次任务要求	落实评价（0～3分）
环境	评估任务对环境的影响		
	减少排放与不友好材料		
	确保环保		
	5S达标		
健康	配备个人劳保用具		
	分析工业卫生和职业危害		
	优化人机工程		
	了解简易急救方法		
安全	安全教育		
	危险分析与对策		
	危险品（化学品）注意事项		
	防火、逃生意识		

3．任务实施后

任务实施后，严格按照5S进行收尾工作。

3.4.2 任务实施分解

1. 认识智能家居实训平台

1）任务描述

了解智能家居实训平台物理及逻辑架构；认识常见智能家居设备，并了解各个设备的基本功能；了解智能家居实训平台提供的家居控制、场景控制、安防监控、娱乐影音、语音识别控制等功能。

2）设备清单

智能家居实训平台所提供的设备见表3-11。

表 3-11　智能家居实训平台所提供的设备

序　号	设 备 名 称	数量及单位
1	移动实训台	1 台
2	ZigBee 网关	1 台
3	红外转发器	1 个
4	智能调光开关	1 个
5	智能开关	1 个
6	情景控制面板	1 个
7	智能插座	1 个
8	网络摄像头	1 台
9	多功能控制盒（智能窗帘控制盒）	1 个
10	窗帘电机	1 个
11	电动窗帘导轨	1 根
12	门窗传感器	1 个
13	烟雾探测器	1 个
14	人体红外传感器	1 个
15	移动工控终端	1 台
16	RGB 控制盒	1 个
17	RGB 彩色灯带	1 个
18	LED 灯泡	3 个
19	调光灯泡	1 个
20	灯泡底座	3 个
21	风扇	1 个

3）任务实施

（1）了解智能家居实训平台的逻辑架构。

利用智能家居实训平台将智能家居控制系统安装在实验环境中，对灯光、门窗、窗帘、家电等进行智能控制。通过实训可以认知智能家居控制系统与实际环境、受控设备之间的关系，了解不同的应用场景，以及物联网感知层、网络层、应用层在智能家居中的应用。

智能家居实训平台的逻辑架构如图 3-46 所示。

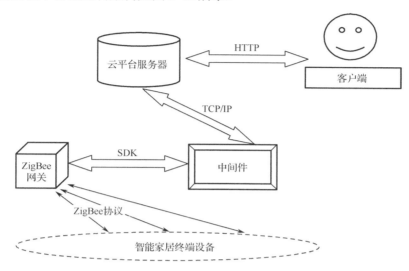

图 3-46　智能家居实训平台的逻辑架构

对于用户而言，最终目标就是控制各类智能家居终端设备。而面向用户的客户端软件可以安装在 PC 上，也可以安装在 Android 终端上。在本实训平台中，客户端与智能家居终端之间的通信须依靠多个组件协同工作实现。依据其逻辑架构，整个智能家居系统包含客户端、云平台服务器、中间件、ZigBee 网关、智能家居终端设备五大组件。

各类智能家居终端设备通过 ZigBee 协议与 ZigBee 网关连接，终端设备一方面负责采集数据并上传给 ZigBee 网关，另一方面负责接收来自 ZigBee 网关的控制信号。云平台服务器采用基于 TCP/IP 的 Socket 通信接口，可以直接连接大多数物联网网关，也可以先与中间件进行通信，借助中间件上安装的软件网关实现对硬件网关的控制。本实训平台采用的是硬件网关和软件网关相结合的方式。客户端一般为 PC 或 Android 客户端，为了更好地实现系统控制，需要客户端软件首先登录到指定的云平台服务器上。在图 3-46 中可以看到，客户端直接面向云平台服务器，两者之间通过 HTTP 实现通信。

（2）了解智能家居实训平台的物理构成。

① 智能家居实训平台的物理架构。

智能家居实训平台的物理构架如图 3-47 所示。

依照物理架构的设计，ZigBee 网关、PC 和门牌机需要使用有线网络连接到路由器，其他设备均采用无线方式连接。一般智能家居终端设备都可以连接到 ZigBee 网关上，对于不支持 ZigBee 协议的设备（如红外音乐播放器和液晶电视等），可以通过红外转发器转发遥控信号的方式连接到 ZigBee 网关。

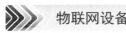

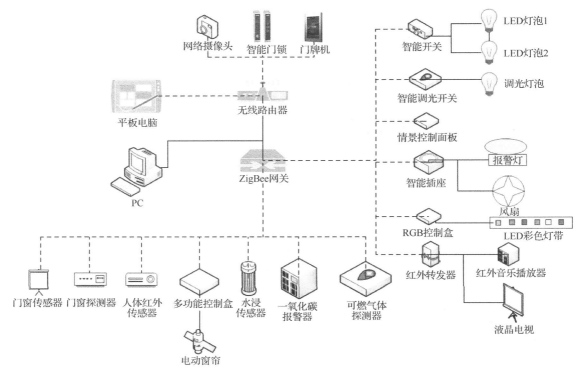

图 3-47　智能家居实训平台的物理架构

② 认识智能家居设备。

智能家居设备及主要功能见表 3-12。

表 3-12　智能家居设备及主要功能

序　号	设 备 名 称	功 能 说 明	设 备 外 形
1	移动实训台	用于智能家居设备的安装	
2	ZigBee 网关	全面支持家居灯光、空调、电视、窗帘、幕布及其他家用电器的本地及远程软件控制，支持电话及英文短信报警功能，支持远程实时视频监控，支持 20 组一键情景模式控制，支持温湿度联动、定时联动、无线信号联动等组合控制，支持 200 路灯光开关、150 台红外遥控设备及两路大功率继电器输出控制，支持 ZigBee 协议的多层信号级联	

续表

序　号	设 备 名 称	功 能 说 明	设 备 外 形
3	红外转发器	红外转发器是一种对红外家电设备（如空调、电视、机顶盒、DVD、音箱等）进行无线操作的智能控制器，是智能家居系统的重要组成部分	
4	智能调光开关	可调节客厅灯光的明暗	
5	智能开关	该产品按照 86 型开关标准设计，用户可通过手机或平板电脑对开关进行遥控，开关具有实时反馈功能	
6	情景控制面板	这是在 ZigBee 协议基础上开发的由零、火线供电的控制面板，可设置多种情景模式，如离家模式、在家模式、会客模式等	

序 号	设备名称	功 能 说 明	设 备 外 形
7	智能插座	该产品是一款 ZigBee 无线智能插座，普通电器均可接入。用户可以通过手机或者平板电脑对智能插座进行遥控，它具有实时反馈功能	
8	网络摄像头	该产品是针对网络视频应用而开发的一体化网络摄像头，适合家庭、商铺、连锁店、超市、写字楼等应用场合	
9	多功能控制盒（智能窗帘控制盒）	它可以与普通窗帘电机连接，把控制信号通过 ZigBee 网络传送到智能家居主机，用手机 App 可以控制窗帘的开启和关闭，让普通窗帘迅速变成可遥控的智能窗帘	
10	窗帘电机	该产品是一款内置 ZigBee 模块的窗帘电机，用手机 App 可以控制窗帘开关	
11	电动窗帘导轨	它是电动窗帘的导轨	

续表

序　号	设备名称	功　能　说　明	设　备　外　形
12	门窗传感器	该产品可以安装在门、窗户或者其他可开关的物体上，配合智能家居主机和App，可以实现家居安防报警和自定义设备联动功能	
13	烟雾探测器	它由DC 9V电源供电，采用吸顶安装，具有低功耗、低电压、自检等特点	
14	人体红外传感器	该产品基于人体红外光谱探测技术，当人体在其探测范围内活动时，通过感应人体释放的红外线来探测人的移动	
15	移动工控终端	在移动工控终端上安装中间件，可充当软件网关，使ZigBee硬件网关和云平台建立连接，并能控制智能家居设备	

序　号	设备名称	功　能　说　明	设　备　外　形
16	RGB 控制盒	该产品是一款 ZigBee 可调光 RGB 控制盒，它可以与普通的 RGB 灯带或灯板连接，控制信号通过 ZigBee 网络传送到智能家居主机	
17	RGB 彩色灯带	可随意弯曲，可任意固定在凹凸面上，体积小，颜色丰富	
18	LED 灯泡	用于卧室、客厅、厨房等	
19	调光灯泡	用于客厅，不仅能控制其开关，还能调节其亮度	

续表

序　号	设备名称	功　能　说　明	设　备　外　形
20	灯泡底座	用于灯泡的固定	
21	风扇	在实训平台中用于模拟空调设备	

③ 智能家居实训设备布局。

安装设备后的智能家居实训平台正面、背面如图 3-48、图 3-49 所示。

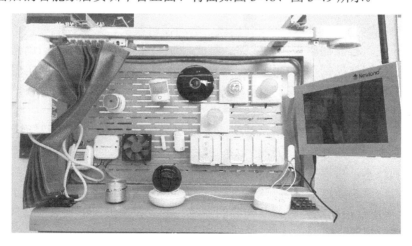

图 3-48　安装设备后的智能家居实训平台正面

（3）了解智能家居实训平台的应用模块。

智能家居实训平台通过云平台方式实现语音识别控制、摄像头监控、家居红外影音控制、家居安防、灯光控制、情景控制等功能。其中，语音识别控制可实现语音识别、家居控制；家居红外影音控制主要是控制红外影音系统；家居安防可实现烟雾报警、入侵报警、门磁监控功能；灯光控制不仅可以实现双路灯控，还可以实现智能调光；情景控制可实现离家模式、影音模式和回家模式。

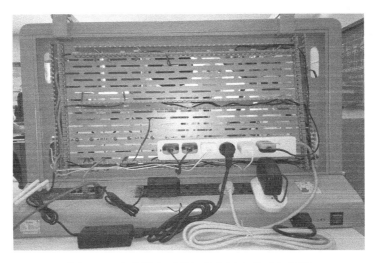

图 3-49　安装设备后的智能家居实训平台背面

智能家居实训平台包含五大模块，分别为智慧中心模块、家居控制模块、情景控制模块、安防监控模块和影音模块。

① 智慧中心模块包括语音识别控制系统、云平台、网关控制系统。这个模块是整个智能家居实训平台最核心的部分，以智能家居网关为控制中心，配合红外转发器、智能开关、智能插座等设备，实现家居控制、场景控制、安防监控、娱乐影音等功能。该模块集成了各个系统的控制逻辑程序，包含用户交互界面、数据库管理中心。智慧中心模块涉及的设备主要有实训工位、智能家居网关、移动工控终端、无线路由器等。

② 家居控制模块主要包括灯光控制模块、电动窗帘模块、家电控制模块。家居控制模块主要通过智能开关、智能插座来控制线路。灯光控制模块采用智能开关、调光开关等控制设备对环境灯光进行智能控制，支持回家、离家、影音等多种模式，还可以实现智能定时等功能。电动窗帘模块主要通过窗帘控制开关来控制窗帘电机、窗帘导轨等设备。家电控制模块采用红外转发器、智能插座等设备实现家用电器的远程智能化控制。

③ 安防监控模块采用高清网络摄像头，支持四区域移动侦测，实现对现场全方位布防，使用平板电脑或手机可控制所有的安防设备，使操作变得非常简单。智能门锁采用指纹与密码相结合的控制技术，可以实现远程、近程控制。烟雾探测器和可燃气体探测器等设备提供火灾感知、预防功能。通过手机客户端可以监控房间和户外异常情况，保障居家安全。

④ 影音模块主要控制红外音箱及视频的播放。影音模块涉及的设备主要有红外转发器、红外音箱、液晶电视等。

⑤ 情景控制模块可以实现回家、离家、影音三种模式的切换，回家模式和影音模式可以同时被选择。

2．智能家居设备的安装

1）任务描述

先熟悉智能家居实训平台的布局及设备连线图，再合理布线，将各个设备安装到智能家居实训平台上，并正确、规范连接相应的线路。

2）安装工具（表3-13）

表3-13 安装工具

序号	名　　称	型号与规格	数量及单位
1	十字螺丝刀	5mm	1把
2	一字螺丝刀	5mm	1把
3	万用表	UT890D	1块
4	测电笔	SATA6202	1支
5	剥线钳	ProsKit 8PK-3001D	1把
6	绝缘胶布	ProsKit MS-V001	1卷

3）设备清单（表3-14）

表3-14 设备清单

序号	名　　称	型号及规格	数量及单位
1	智能开关	ZigBee	1个
2	LED灯座	60W/220V	2个
3	LED灯泡	3W/220V/50～60Hz	1只
4	调光灯泡	3W/220V/50～60Hz	1只
5	明装底盒	86HS35	3个
6	红黑导线	0.5mm^2/30cm	2根
7	红黑导线	0.5mm^2/60cm	6根
8	两极电源插头	16A/220V	5个
9	智能调光开关	ZigBee	1个
10	情景控制面板	ZigBee	1个
11	红外转发器	CT20Z-B1GO	1个
12	窗帘控制盒	QRVIBO ZigBee 多功能控制盒	1个
13	窗帘电机	QRVIBO	1台
14	短接线	0.5mm^2/5cm	2根
15	黏性磁条	3M	合适长度
16	风扇	DC 12V/0.16A	1个
17	ZigBee智能插座	QRVIBO S10K1Z	1个
18	电源适配器	12V/2A	1个
19	RGB灯带控制盒	QRVIBO ZigBee 可调光/ RGB 控制	1个
20	RGB彩色灯带	1mm	1根
21	路由器	—	1台
22	移动工控终端	—	1台
23	计算机	—	1台

物联网设备安装与调试

4）任务实施

（1）了解智能家居设备布局及连接。

① 认识智能家居实训平台。

智能家居实训平台如图 3-50、图 3-51 所示。

② 了解智能家居设备布局图与接线图。

智能家居设备布局图和接线图如图 3-52、图 3-53 所示。

图 3-50　智能家居实训平台正面图

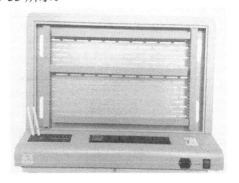

图 3-51　智能家居实训平台背面图

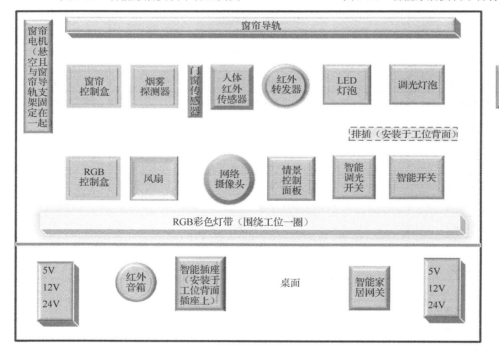

图 3-52　智能家居设备布局图

③ 了解智能家居强、弱电设备。

智能家居中的强电设备一般采用交流 220V 电源供电，本任务所用到的强电设备有智能开关、智能调光开关、情景控制面板、红外转发器、多功能控制盒（窗帘电机）、液晶电视、可燃气体探测器等，以上设备在安装和接线过程中必须严格遵守断电操作规范。

智能家居中的弱电设备一般采用 5V、12V、24V 三种低压直流电源供电。本任务所用到的弱电设备主要有网络摄像头、智能家居网关、无线路由器、移动工控终端、风扇、RGB 控制盒（灯带控制盒）、门牌室内机/室外机、报警灯等。以上设备中，网络摄像头采用 5V/2A 直流稳压电源适配器供电，智能家居网关采用 5V/1A 直流稳压电源适配器供电，无线路由器采用 7.5V/1A 直流稳压电源适配器供电，移动工控终端采用 12V/3A 直流稳压电源适配器供电，风扇采用 12V 直流电源供电，RGB 控制盒采用 12V 直流电源供电。除上述弱电设备外，还有部分设备使用自带电池供电，主要有红外音箱、门窗传感器、红外人体传感器、烟雾探测器、一氧化碳探测器、温湿度传感器、智能水浸传感器、智能门锁等。安装设备之前，必须确认智能家居实训平台处于断电状态。

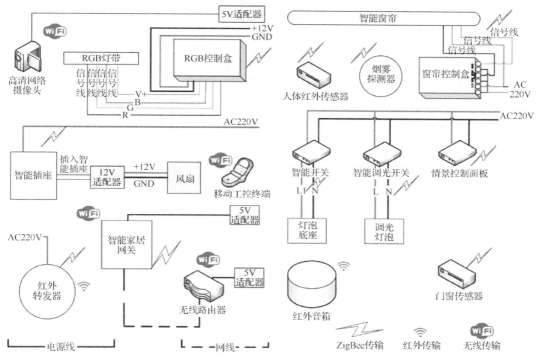

图 3-53　智能家居设备接线图

家居装修通用的做法是"先强电后弱电"，即先安装强电设备，再安装弱电设备。

（2）智能家居强电设备的安装。

① 开关面板的安装。

开关面板包括智能开关、智能调光开关、情景控制面板，其接线图如图 3-54 所示。

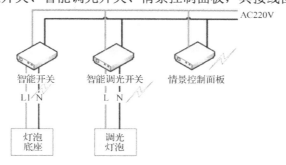

图 3-54　智能开关、智能调光开关、情景控制面板接线图

智能开关安装步骤如下。

步骤 1 检查智能家居实训平台是否带电。安装时先确保智能家居实训平台处于断电状态。用万用表或者测电笔测试电源插座是否带电。

步骤 2 电源插头接线。选取一根 60cm 的红黑导线，一头接入两极电源插头，另一头贴上标签，分别标注"火线"和"零线"，电源插头接线如图 3-55 所示。

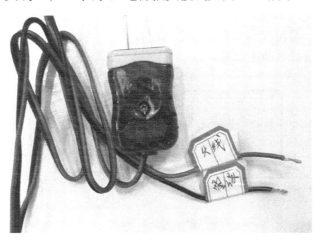

图 3-55 电源插头接线

步骤 3 灯座接线。选取一根 30cm 的红黑导线，一头连接灯座，另一头贴上标签，在标签上分别标注"火线"和"零线"。灯座接线如图 3-56 所示。

图 3-56 灯座接线

步骤 4 LED 灯座安装。将 LED 灯座安装在智能家居实训平台上，并装上 LED 灯泡。注意，本步骤只需要安装一个 LED 灯座和一个 LED 灯泡进行实验的验证。还有一个 LED 灯座留给调光灯泡。

步骤5　安装智能开关底座（86 底盒）。安装好底座后，将插头和灯座的两对红黑导线通过背板线槽走线。两对导线带有标签的一端都要经由背板穿入底盒。所有导线要求整齐、直顺，并注意控制好穿入底盒内的导线长度，大约保留 13cm 即可。

步骤6　用一字螺丝刀从智能开关的底部开口处将面板撬开。

步骤7　将底座内的两对红黑导线接入智能开关的接线柱。"火线"（插头火线）接到开关的 L 接线柱；"火线"（灯火线）接到开关的 L1 接线柱；两条"零线"同时接入开关的 N 接线柱，如图 3-57 所示。

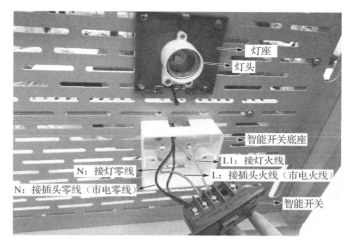

图 3-57　智能开关接线

步骤8　将智能开关固定在智能开关底座（86 底盒）上，拧紧螺钉并盖上面板。

步骤9　通电实验。将两极电源插头插入电源插座。通电后，测试智能开关的效果，触摸按键，观察能否控制 LED 灯泡。智能开关控制 LED 灯泡实验如图 3-58 所示。

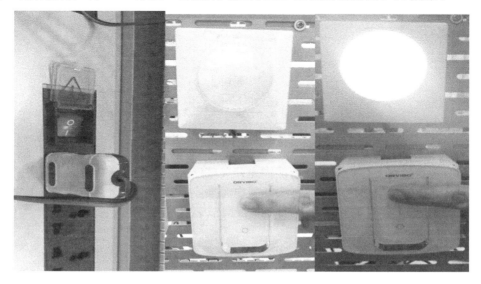

图 3-58　智能开关控制 LED 灯泡实验

智能调光开关的安装步骤与智能开关的安装步骤基本相同，区别在于智能调光开关的接线柱设置和智能开关有所不同，具体步骤如下。

步骤 1 检查智能家居实训平台是否带电。安装时确保智能家居实训平台处于断电状态。用万用表或者测电笔测试电源插座处是否带电。

步骤 2 电源插头接线。选取一根 60cm 的红黑导线，一头接入两极电源插头，另一头贴上标签，分别标注"火线"和"零线"。

步骤 3 灯座接线。选取一根 30cm 的红黑导线，一头连接灯座，另一头贴上标签，在标签上分别标注"火线"和"零线"。

步骤 4 LED 灯座安装。将 LED 灯座安装在智能家居实训平台上，并装上调光灯泡。

步骤 5 安装智能调光开关底座（86 底盒）。安装好底座后，将插头和灯座的两对红黑导线通过背板线槽走线。两对导线带有标签的一端都要经由背板穿入底盒。所有导线要求整齐、直顺，并注意控制好穿入底盒内的导线长度，大约保留 13cm 即可。

步骤 6 用一字螺丝刀从智能调光开关的底部开口处将面板撬开。

步骤 7 将智能调光开关底座内的两对红黑导线接入智能调光开关的接线柱。智能调光开关接线如图 3-59 所示。

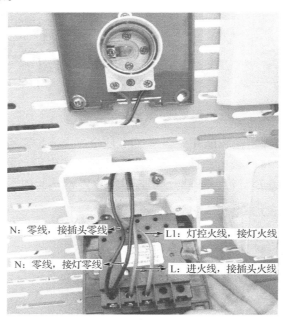

图 3-59　智能调光开关接线

步骤 8 将智能调光开关固定在智能调光开关底座（86 底盒）上，拧紧螺钉并盖上面板。

步骤 9 通电实验。将两极电源插头插入电源插座。通电后，测试智能调光开关的效果，触摸按键，观察能否控制调光灯泡亮灭，能否调节调光灯泡亮度。智能调光开关实验如图 3-60 所示。

情景控制面板只需要连接火线和零线，具体安装步骤如下。

步骤 1 检查智能家居实训平台是否带电。安装时先确保智能家居实训平台处于断电状态。用万用表或者测电笔测试电源插座处是否带电。

步骤2　电源插头接线。选取一根60cm的红黑导线，一头接入两极电源插头，另一头贴上标签，分别标注"火线"和"零线"。

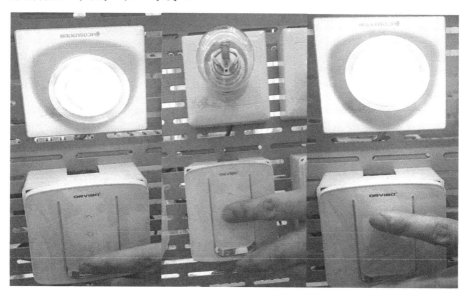

图3-60　智能调光开关实验

步骤3　安装情景控制面板底座（86底盒）。安装好底座后，将插头的红黑导线通过背板线槽走线。导线带有标签的一端经由背板穿入底盒。所有导线要求整齐、直顺，并注意控制好穿入底盒内的导线长度，大约保留13cm即可。

步骤4　用一字螺丝刀从情景控制面板的底部开口处将面板撬开。

步骤5　情景控制面板接线。将情景控制面板底座内的一对红黑导线接入情景控制面板的接线柱。情景控制面板接线如图3-61所示。

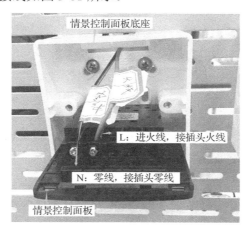

图3-61　情景控制面板接线

步骤6　将情景控制面板固定在底座（86底盒）上，拧紧螺钉并盖上面板。

步骤7　通电实验。将两极电源插头插入电源插座。通电后，情景控制面板上的三个按键应发蓝光，触摸某个按键时，该按键发红光，说明设备接线正确。情景控制面板通电测试如图 3-62 所示。

② 红外转发器的安装。

红外转发器接线图如图 3-63 所示。

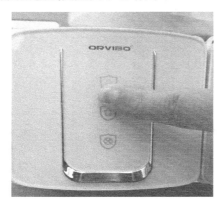

图 3-62　情景控制面板通电测试

图 3-63　红外转发器接线图

步骤 1　检查智能家居实训平台是否带电。安装时确保智能家居实训平台处于断电状态。用万用表或者测电笔测试电源插座处是否带电。

步骤 2　电源插头接线。选取一根 60cm 的红黑导线，一头接入两极电源插头，另一头贴上标签，分别标注"火线"和"零线"。

步骤 3　安装红外转发器。先将插头的 60cm 红黑导线通过背板走线，导线有标签的一端对准红外转发器的安装位置，由背板向前穿出，直接穿过红外转发器的背板，然后将红外转发器背板用螺钉固定在智能家居实训平台背板上。

步骤 4　红外转发器接线。将"火线"（插头火线）与红外转发器的红色线头连接，"零线"（插头零线）与红外转发器的蓝色线头连接。用绝缘胶布分别包好接线头，确保绝缘良好，如图 3-64 所示。

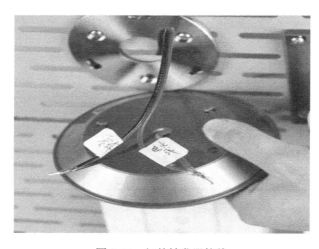

图 3-64　红外转发器接线

步骤 5　将连接好的导线放入线槽内，然后把红外转发器对准其背部的孔位旋转即可固定，如图 3-65 所示。

图 3-65 红外转发器的安装

③ 多功能控制盒的安装。

多功能控制盒也称窗帘控制盒，用于和窗帘电机相连接。其接线图如图 3-66 所示。

步骤 1 设置多功能控制盒的工作模式。

安装多功能控制盒之前，要通过拨码开关设置合适的工作模式。用一字螺丝刀拨动其侧面的拨码开关来选择工作模式，如图 3-67 所示。

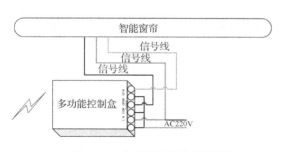

图 3-66 多功能控制盒接线图

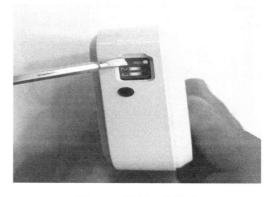

图 3-67 设置工作模式

多功能控制盒的拨码开关与工作模式的关系如下。

拨码开关 1—多功能控制盒处于强电工作模式。

拨码开关 2—多功能控制盒处于弱电工作模式。

拨码开关 3—多功能控制盒处于继电器工作模式。

步骤 2 检查智能家居实训平台是否带电。安装时确保智能家居实训平台处于断电状态。用万用表或者测电笔测试电源插座处是否带电。

步骤 3 电源插头接线。选取一根 60cm 的红黑导线，一头接入两极电源插头，另一头贴上标签，分别标注"火线"和"零线"。

步骤 4 将插头的红黑导线通过线槽走线，导线加标签的一端对准多功能控制盒的安装位置，并由背板向前穿出。

步骤 5 用一字螺丝刀将多功能控制盒的拨码开关 1 拨下来，设为强电工作模式。

步骤 6 将插头上连接的"火线"接到多功能控制盒的端口 8，然后用 5cm 的短接线把端口 4、6、8 短接在一起，如图 3-68 所示。

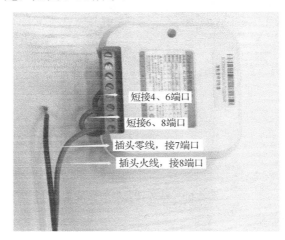

图 3-68　多功能控制盒接线

步骤 7　窗帘电机接线。将窗帘电机的电源线通过背板走线，向前穿出。把窗帘电机的正转线接入多功能控制盒的端口 5，反转线接入多功能控制盒的端口 3，公共线与插头零线一同接入多功能控制盒的端口 7，如图 3-69 所示。黄绿线为接地线，用绝缘胶布包好，不接入多功能控制盒。

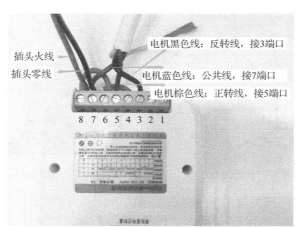

图 3-69　窗帘电机接线

步骤 8　使用螺钉将多功能控制盒安装到面板正面。

步骤 9　将窗帘导轨安装到智能家居实训平台的上方，并与窗帘电机对接好，将导线放入背面的线槽内，如图 3-70 所示。

（3）智能家居弱电设备的安装与接线。

① 安装风扇。

风扇的作用是模拟家用空调或电风扇等。风扇接线图如图 3-71 所示。

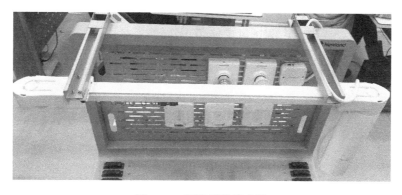

图 3-70　窗帘导轨的安装

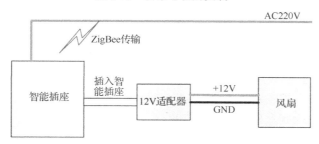

图 3-71　风扇接线图

步骤 1　检查智能家居实训平台是否带电。安装时确保智能家居实训平台处于断电状态。用万用表或者测电笔测试电源插座处是否带电。

步骤 2　连接风扇与电源适配器。用剥线钳将 12V/2A 电源适配器及风扇的原有接线头剪掉，重新剥离出约 9mm 的裸线，通过背板走线，然后将电源适配器和风扇的接线头正确连接，并用压线帽或绝缘胶布包好。要分清直流电源的正负极，如果正负极接反，风扇将反转。接线之前，可用万用表测量一下电源正负极。风扇与电源适配器接线如图 3-72 所示。

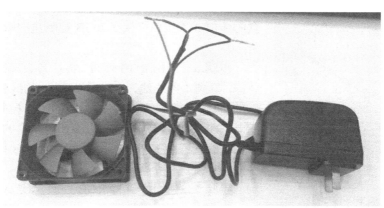

图 3-72　风扇与电源适配器接线

步骤 3　固定风扇。用螺钉将风扇固定，并将导线放进线槽内。

步骤 4　连接智能插座。将智能插座插到电源插座上，并将 12V/2A 电源适配器插到智能插座上，如图 3-73 所示。

步骤 5　风扇测试。通电后，测试风扇能否正常转动。

② 安装 RGB 控制盒。

RGB 控制盒接线图如图 3-74 所示。

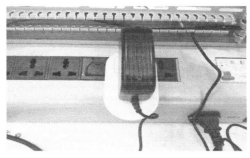

图 3-73　电源适配器与智能插座连接

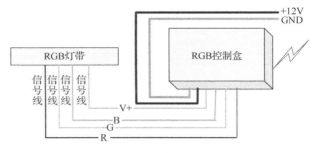

图 3-74　RGB 控制盒接线图

安装 RGB 控制盒前，应正确设置其工作模式。拨码开关与工作模式说明如下。

未拨下拨码开关 1—控制盒处于 RGB 控制模式。

拨下拨码开关 1—控制盒处于色温控制模式。

拨码开关 2、3—无效。

步骤 1　检查智能家居实训平台是否带电。安装时确保智能家居实训平台处于断电状态。用万用表或者测电笔测试电源插座处是否带电。

步骤 2　电源插头接线。将 60cm 红黑导线的一头接入 12V 电源接线端口，另一头贴上标签，分别标注"12V+"和"12V-"。

步骤 3　将 60cm 红黑导线通过线槽走线，导线加标签的一端对准 RGB 控制盒的安装位置，由背板向前穿出。

步骤 4　确认 RGB 控制盒未拨下拨码开关 1，即 RGB 控制盒处于 RGB 控制模式。

步骤 5　将 60cm 红黑导线的"12V+"接在 RGB 控制盒的端口 8，"12V-"接在 RGB 控制盒的端口 7，如图 3-75 所示。

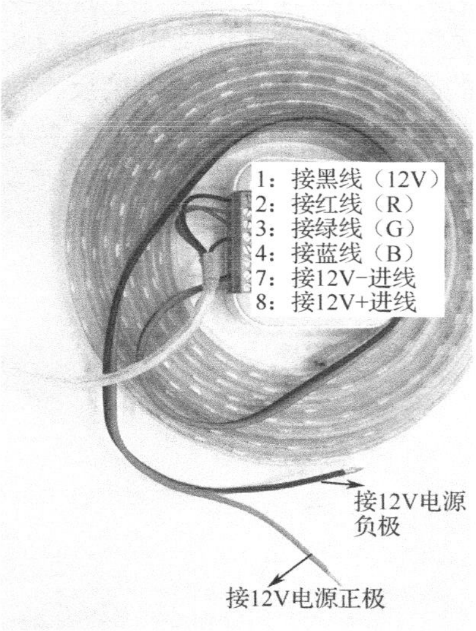

步骤 6　取出 RGB 灯带，将灯带头部原始封装的接头剪掉，得到 4 条导线，分别剥出 5mm 的线头，之后将 RGB 灯带的+12V 控制线（黑色）接在 RGB 控制盒的 1 号接线柱上，R 控制线（红色）接在 RGB 控制盒的 2 号接线柱上，G 控制线（绿色）接在 3 号接线柱上，B 控制线（蓝色）接在 4 号接线柱上。

步骤 7　使用螺钉将 RGB 控制盒安装在面板上。

步骤 8　利用黏性磁条，将 RGB 灯带围绕面板进行吸附式安装。

图 3-75　RGB 控制盒接线

③ 其他弱电设备的安装。

除风扇和 RGB 控制盒外，其他弱电设备主要有门窗传感器、人体红外传感器、网络摄像头、移动工控终端、智能家居网关和无线路由器等。这些设备的安装较为简单，如图 3-76 所示。

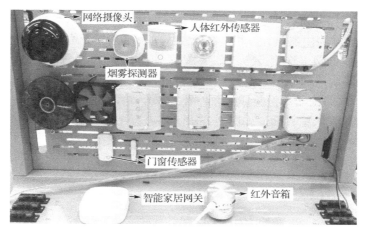

图 3-76　其他弱电设备的安装

步骤 1　安装门窗传感器。直接使用双面不干胶将门窗传感器粘贴到面板上。

步骤 2　安装人体红外传感器、网络摄像头和移动工控终端。使用配套固定板架及螺钉将这些设备固定到面板上。

步骤 3　安装红外音箱。利用自带吸盘直接将红外音箱吸附在面板上。

步骤 4　安装智能家居网关。利用黏性磁条将智能家居网关固定在合适的位置。

步骤 5　智能家居实训平台内置无线路由器，无须安装。

3．智能家居系统部署

1）任务描述

对无线路由器进行设置是搭建局域网的基础。智能家居设备、计算机及移动工控终端一般通过无线局域网连接至智能家居云平台。由于本实训系统被限制在局域网内部，因此，只要将路由器的 LAN 接口与移动工控终端及一台或两台计算机相连，使它们处于同一个 IP 地址段内，就可以通过配置路由器将整个智能家居系统连接在同一局域网内。

本任务主要对无线路由器进行设置，使其与计算机、移动工控终端组成一个局域网。

2）任务实施

（1）无线路由器相关设置。

步骤 1 连接无线路由器与计算机。将双绞线的一端连接无线路由器的任意一个 LAN 接口，另一端与计算机的网卡连接。

步骤 2 无线路由器通电后，在计算机上打开浏览器，并在地址栏中输入该无线路由器的 IP 地址，进入无线路由器身份验证界面（图 3-77），输入用户名"admin"及密码"admin"，单击"登录"按钮，进入主界面，如图 3-78 所示。

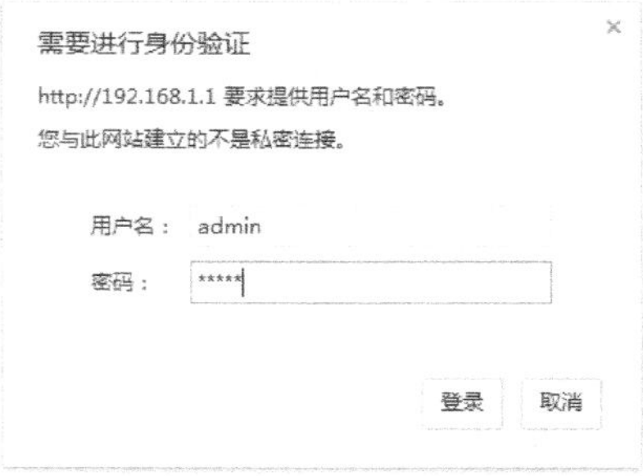

图 3-77 身份验证界面

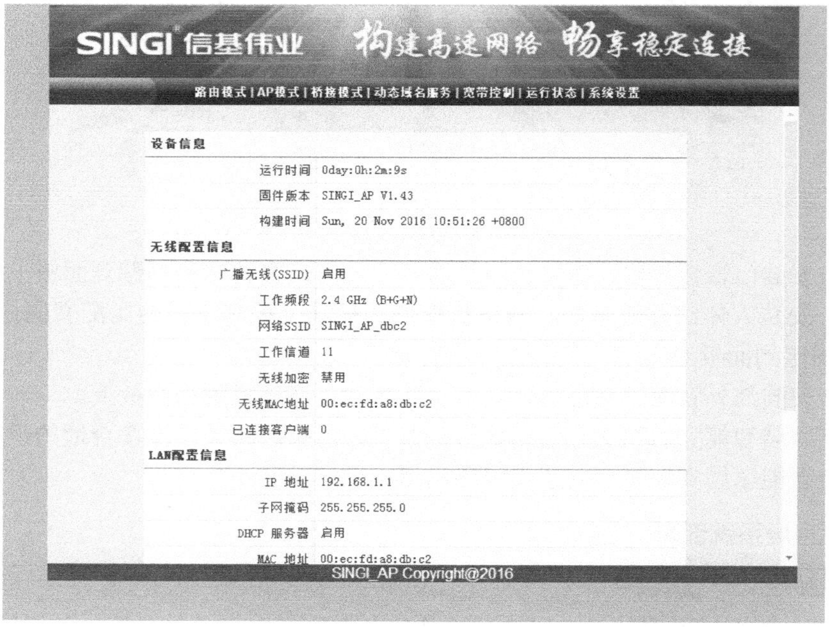

图 3-78 主界面

步骤 3 LAN 及 DCHP 服务器设置。在主界面中单击"路由模式"，IP 地址 192.168.1.1 代表无线路由器面向内部局域网的 IP 地址，子网掩码设置为 255.255.255.0。

"DCHP 已连接"选择"启用"。这里默认将 192.168.1.10～192.168.1.200 这一段连续的地址分配给接入局域网的设备，一般第一个接入设备将分配到 192.168.1.10，如图 3-79 所示。

图 3-79　LAN 及 DCHP 服务器设置

步骤 4　无线设置。在"路由模式"的"无线设置"选项组中，"禁用无线"复选框不选中，"无线名称（SSID）"可根据需要更改，"无线加密"选择"WPA"，无线密码可自行设置。设置完成后，单击"保存"按钮，如图 3-80 所示。

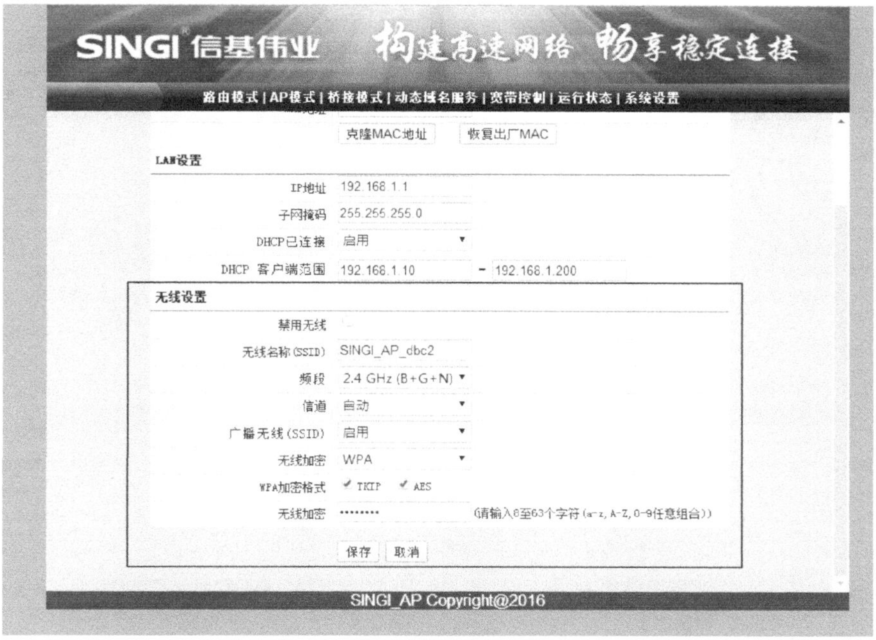

图 3-80　无线设置

（2）搭建智能家居服务器。

局域网环境搭建完成后，就可以在局域网基础上搭建智能家居云平台了。可以选择一台局域网内部的计算机作为服务器，在此计算机上安装智能家居云平台服务器软件。

智能家居云平台服务器软件主要包含以下几个。

● Internet 信息服务管理器；

● Microsoft .NET Framework 4；

● SQL Server 2008；

● 智能家居云平台数据库。

① 安装 Internet 信息服务管理器。

步骤 1　关闭防火墙。服务器可以选择日常使用的 32/64 位 Windows 7 系统进行部署。进入 Windows 7 系统的"控制面板"→"Windows 防火墙"界面，在左侧列表中选择"打开或关闭 Windows 防火墙"，选中"关闭 Windows 防火墙（不推荐）"单选按钮，如图 3-81 所示。

图 3-81　关闭 Windows 防火墙

步骤 2　安装 Internet 信息服务管理器。打开"控制面板"→"程序"→"程序和功能"界面，选择左侧列表中的"打开或关闭 Windows 功能"，如图 3-82 所示。

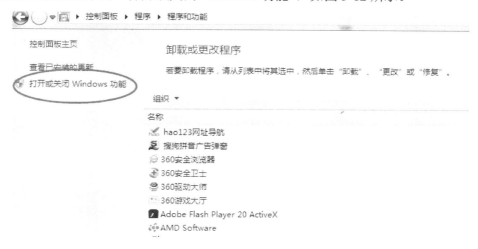

图 3-82　选择"打开或关闭 Windows 功能"

在打开的界面中，选中"Internet Information Services 可承载的 Web 核心"复选框，将"Internet 信息服务"中所有复选框选中，直到"Internet 信息服务"复选框处于选中状态，如图 3-83 所示。

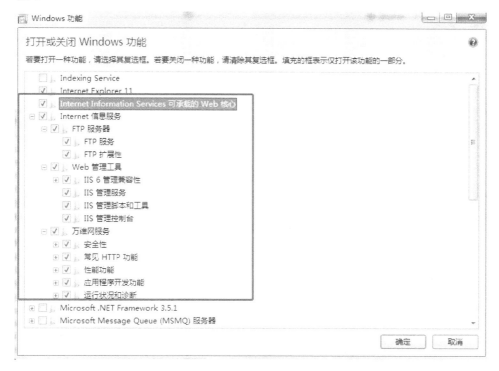

图 3-83　安装设置

单击"确定"按钮进行安装。至此，完成了 Internet 信息服务管理器的安装。

② 安装 Microsoft .NET Framework 4。

找到安装包"dotnetfx45_full_x86_x64.exe"，双击进行安装。

③ 安装数据库 SQL Server 2008。

步骤 1 打开 SQL Server 2008 安装包，双击安装包中的安装程序，如图 3-84 所示。

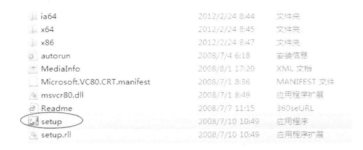

图 3-84 双击安装程序进行安装

第一次运行安装程序，如果出现兼容性问题提示，直接选择"运行程序"即可。进入安装中心后，选择左侧列表中的 "安装"进行安装方式选择。这里选择"全新 SQL Server 独立安装或向现有安装添加功能"，如图 3-85 所示。

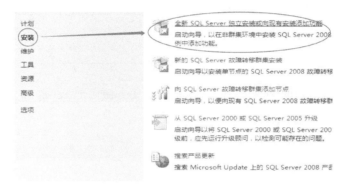

图 3-85 选择安装方式

此时如果再次出现兼容性问题提示，依然选择"运行程序"，进入"安装程序支持规则"界面，安装程序将自动检测安装环境，需要通过所有检测才能进行后续安装。当所有检测都通过后，单击"确定"按钮进行下一步安装，如图 3-86 所示。

图 3-86 "安装程序支持规则"界面

步骤 2　进入"产品密钥"界面，输入产品密钥后（图 3-87），单击"下一步"按钮，进入"许可条款"界面，选中"我接受许可条款"复选框，单击"下一步"按钮，如图 3-88 所示。

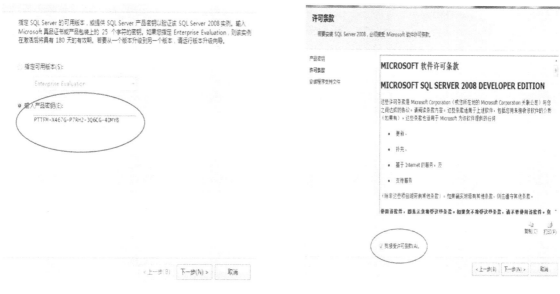

图 3-87　输入产品密钥　　　　　　　　　　　　图 3-88　接受许可条款

步骤 3　进入"安装程序支持文件"界面，检测并安装 SQL Server 2008 所需要的组件，如图 3-89 所示。

图 3-89　"安装程序支持文件"界面

步骤 4 单击"安装"按钮后，检测都通过才能单击"下一步"按钮继续安装，如图 3-90 所示。

图 3-90 "安装程序支持规则"界面

步骤 5 单击"下一步"按钮进入"安装类型"界面，选中"执行 SQL Server 2008 的全新安装"单选按钮，如图 3-91 所示。

图 3-91 "安装类型"界面

步骤 6　单击"下一步"按钮进入"功能选择"界面，单击"全选"按钮，"共享功能目录"保持默认设置，如图 3-92 所示。

图 3-92　"功能选择"界面

步骤 7　单击"下一步"按钮，进入"实例配置"界面，选中"默认实例"单选按钮，如图 3-93 所示。

图 3-93　"实例配置"界面

步骤8 单击"下一步"按钮，进入"磁盘空间要求"界面，会显示磁盘使用情况，如图3-94所示。

图3-94 "磁盘空间要求"界面

步骤9 单击"下一步"按钮，进入"服务器配置"界面，单击"对所有SQL Server 服务使用相同的账户"按钮，并输入用户名和密码，如图3-95所示。

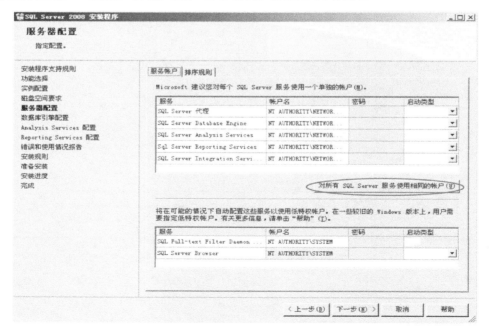

图3-95 "服务器配置"界面

步骤 10 单击"下一步"按钮，进入"数据库引擎配置"界面，在"身份验证模式"选项组中选中"混合模式（SQL Server 身份验证和 Windows 身份验证）"单选按钮，并在"输入密码"和"确认密码"文本框中输入"123456"，单击"添加当前用户"按钮，如图 3-96 所示。

图 3-96 "数据库引擎配置"界面

步骤 11 单击"下一步"按钮，进入"Analysis Services 配置"界面，单击"添加当前用户"按钮，如图 3-97 所示。

图 3-97 "Analysis Services 配置"界面

步骤 12 单击"下一步"按钮，进入"Reporting Services 配置"界面，选中"安装本机模式默认配置"单选按钮，如图 3-98 所示。

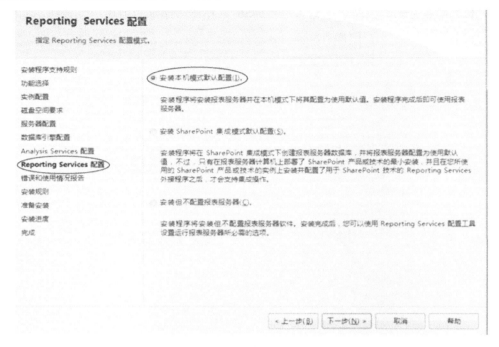

图 3-98 "Reporting Services 配置"界面

步骤 13 单击"下一步"按钮，进入"错误和使用情况报告"界面，如图 3-99 所示。

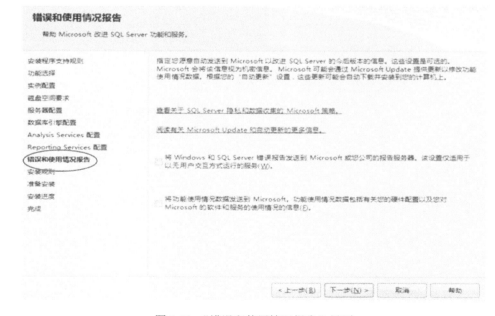

图 3-99 "错误和使用情况报告"界面

步骤 14 单击"下一步"按钮，进入"安装规则"界面，这里将再次进行安装环境的检测，如图 3-100 所示。

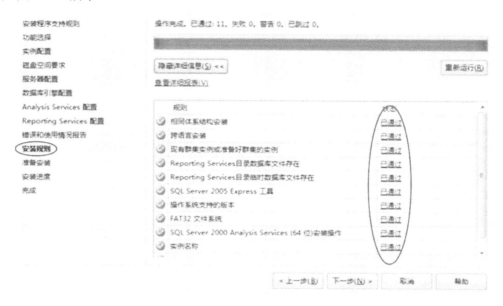

图 3-100　"安装规则"界面

步骤 15　单击"下一步"按钮，进入"准备安装"界面，通过检测后，会列出所有配置信息，如图 3-101 所示。

图 3-101　"准备安装"界面

步骤 16　单击"安装"按钮，进入"安装进度"界面，安装过程可能持续 10～30min，如图 3-102 所示。

图 3-102 "安装进度"界面

步骤 17 如图 3-103 所示，完成安装，并将安装日志保存在指定的路径下。

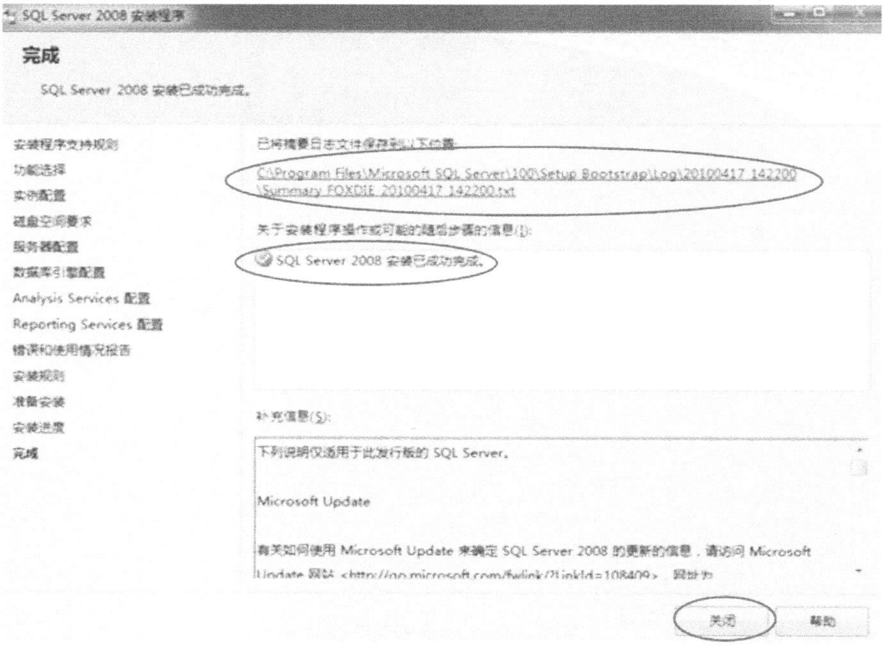

图 3-103 安装完成

步骤18 安装结束后，需要对 SQL 数据库的服务启动模式进行配置，配置方法如下：单击"开始"→"配置工具"→"配置管理器"，在"MSSQLSERVER 的协议"中设置"Shared Memory"和"TCP/IP"已启用，在"SQL Server 服务"中设置"SQL Full-text Filter Daemon Launcher（MSSQLSERVER）""SQL Server Browser""SQL Server 代理（MSSQLSERVER）"为手动，如图 3-104 所示。

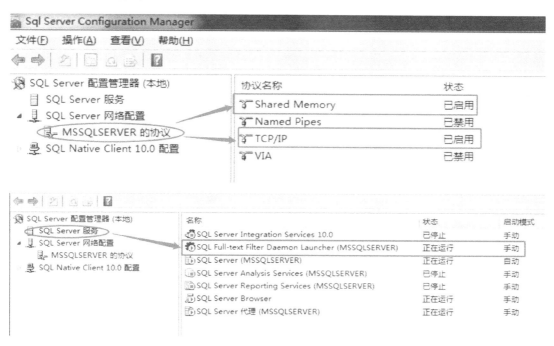

图 3-104　SQL Server 服务及协议设置

④ 添加智能家居云平台数据库。

本实训系统的数据库依赖于 SQL Server 2008 的运行，因此，在 SQL Server 2008 安装完成后，需要将智能家居云平台数据库的相关文件添加到 SQL 数据库中。本书教学资源软件包中提供了智能家居云平台数据库文件，包括库文件"INewlandCloud.mdf"和日志文件"INewlandCloud_log.LDF"。

步骤1 在"开始"菜单中找到 SQL Server 2008 软件，打开 SQL Server Management Studio，进入"连接到服务器"界面，"身份验证"选择"SQL Server 身份验证"，登录名为"sa"，密码为"123456"，如图 3-105 所示。

步骤2 连接成功后，在"数据库"上右击，选择"附加"命令，如图 3-106 所示。

步骤3 打开"附加数据库"窗口，单击"添加"按钮，打开"定位数据库文件"对话框，如图 3-107 所示，添加"INewlandCloud.mdf"。

步骤4 单击"确定"按钮，即可导入库文件"INewlandCloud.mdf"和日志文件"INewlandCloud_log.LDF"，如图 3-108 所示。

步骤5 添加完成后，在"数据库"中可以看到相应的数据库文件，如图 3-109 所示。

至此，智能家居云平台数据库文件添加完成。

图 3-105 "连接到服务器"界面

图 3-106 选择"附加"命令

图 3-107 添加智能家居云平台数据库文件

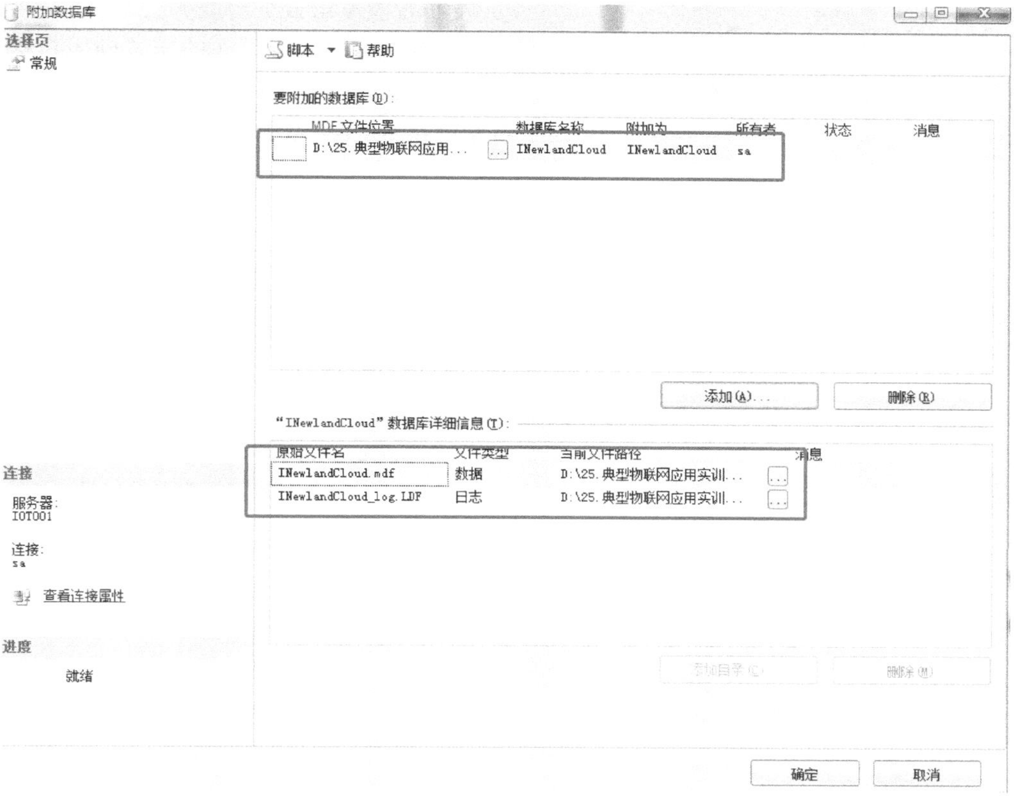

图 3-108 导入库文件和日志文件

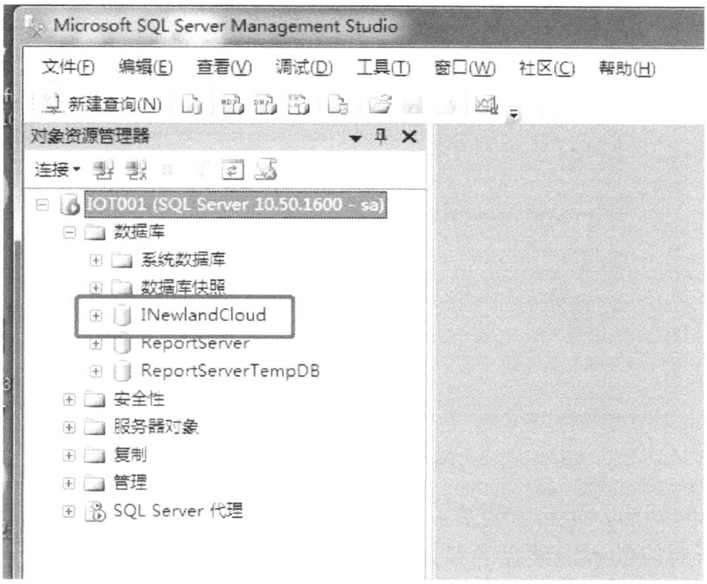

图 3-109 在"数据库"中查看已添加的数据库文件

图 3-110 选择"添加网站"命令

⑤ 发布智能家居云平台服务。

云平台允许以 Web 页面的方式向用户提供服务。之前安装的 Internet 信息服务就是为此而准备的。这里需要对 Internet 信息服务的配置文件进行适当修改，使之能正常提供服务。

步骤 1 添加一个网站，发布云平台服务。打开"控制面板"→"管理工具"→"Internet 信息服务（IIS）管理器"，在窗口左侧右击"网站"，选择"添加网站"命令，如图 3-110 所示。

本任务中，设定网站名称为"SmartHome"，应用程序池为"ASP.NET v4.0"，物理路径根据实际云平台程序位置而定，这里物理路径指向"F:\智能家居软件安装包\02_服务器\云服务平台\ INewCloud"，绑定的端口设置为"80"，如图 3-111 所示。

图 3-111 网站设置

步骤 2 添加网站后，进行配置文件修改，在"SmartHome"网站上右击并选择"浏览"命令，打开网站所对应的本地硬盘的目录，如图 3-112 所示。

图 3-112　浏览网站

在打开的 INewCloud 目录中，找到 Web.config 文件，如图 3-113 所示。

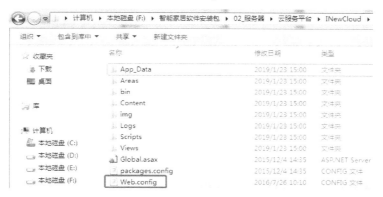

图 3-113　找到 Web.config 文件

打开 Web.config 文件，使用"记事本"来编辑 Web.config 文件，修改有关代码（将 IP 地址修改为实际数据库所在计算机的 IP 地址），修改完保存并退出，如图 3-114 所示。

图 3-114　修改 Web.config 文件中的 IP 地址

步骤 3 用上述方法依次打开文件夹 INewCloud→bin→Config，找到 NewlandCloud.cfg.xml 文件，如图 3-115 所示。

图 3-115　NewlandCloud.cfg.xml 文件

用"记事本"打开 NewlandCloud.cfg.xml 文件，修改相关代码，即正确填写数据库所在计算机的 IP 地址、数据库名称、数据库用户名、数据库密码等参数，修改后保存并退出，如图 3-116 所示。

图 3-116　编辑 NewlandCloud.cfg.xml 文件

步骤 4 在本机打开浏览器，输入链接 http://localhost:80，打开云平台首页，如图 3-117 所示。

图 3-117　打开云平台首页

图 3-117　打开云平台首页（续）

（3）云平台客户端软件的安装。

智能家居云平台的服务器端安装好后，就可以安装客户端软件了。云平台客户端软件包括 Windows 系统和 Android 系统两个版本。基于 Windows 系统的智能家居客户端软件可以运行在计算机上，基于 Android 系统的智能家居客户端软件可以运行在安卓手机等移动设备上。

① Windows 系统客户端软件的安装。

步骤 1　选择一台 Windows 7 系统的计算机进行客户端软件安装。安装之前，需要关闭 Windows 7 自带的防火墙，并且安装 Microsoft .NET Framework 4。

步骤 2　在本书配套的教学资源软件包中找到智能家居软件安装包，双击 进行安装。

物联网智能家居实训系统_20161021_V1....　2016/10/25 14:09　应用程序　80,510 KB

步骤 3　安装完成后，双击桌面上的"智能家居"图标，进入智能家居主界面，如图 3-118 所示。系统设置界面如图 3-119 所示。

② Android 系统客户端软件的安装。

常用的方法有两种，一种是用手机助手等第三方软件辅助安装；另一种是直接用 U 盘复制安装软件，插入移动工控终端进行安装。

方法一：在配套软件资源包中找到"智能家居软件安装包\Android 端软件"目录，将安装文件复制到 U 盘中，再将 U 盘插到移动工控终端的 USB 口上，然后打开移动工控终端的"ES 文件浏览器"，找到 U 盘里的安装软件进行安装。

方法二：将移动工控终端连接网络，使其能够访问外网，通过 USB 线把移动工控终端连接到计算机上，在计算机上安装手机助理，移动工控终端连接到手机助理后，直接通过手机助理进行软件安装。

图 3-118 智能家居主界面

图 3-119 系统设置界面

在移动工控终端上安装 Android 系统客户端软件后，在界面中可以看到"智能家居"图标，点击即可打开，如图 3-120 所示。

图 3-120　"智能家居"图标

4．智能家居组网与应用

下面介绍智能家居实训平台的基本组件互联互通的原理，包括云平台、中间件和硬件网关之间的数据交互方式。

1）云平台与智能家居网关的连接

智能家居服务器端与客户端软件部署完成后，就可以开始进行服务器和设备的连接了，下面实现云平台与智能家居网关的连接。

（1）用户管理。

步骤 1　注册、登录云平台。

用户可以根据部署时设置的云平台 IP 地址和端口，通过计算机上的浏览器访问云平台，如图 3-121 所示。

图 3-121　访问云平台

单击云平台首页上方的"请登录"，可进入用户登录页面，如图 3-122 所示。

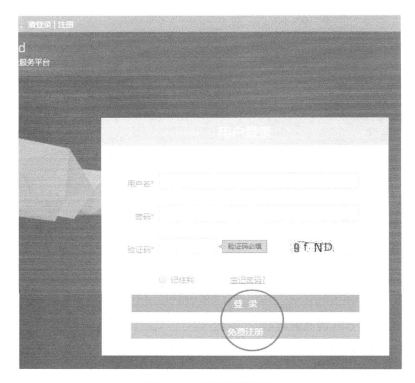

图 3-122　用户登录页面

可以使用已经注册的用户名进行登录，如图 3-123 所示。

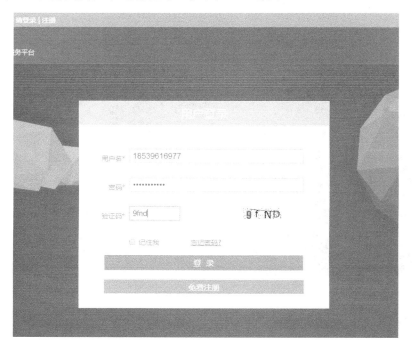

图 3-123　用户登录

在图 3-121 中单击"注册"，可进入用户注册页面，如图 3-124 所示。

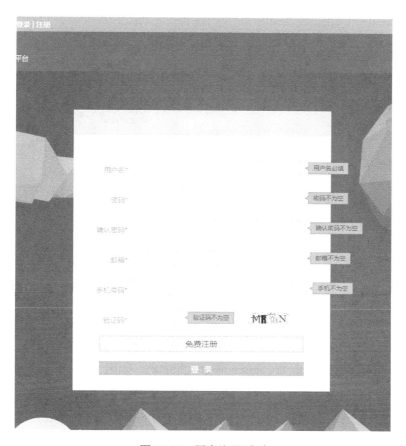

图 3-124 用户注册页面

步骤 2 用户资料管理。登录云平台后，单击右上角的已经登录的用户名，可以查看个人资料，如图 3-125 所示。

图 3-125 查看个人资料

单击右上角的"修改密码"，可以修改密码，如图 3-126 所示。

图 3-126　修改密码

图 3-127　退出云平台

单击右上角的"退出"，可以退出云平台，如图 3-127 所示。

（2）连接云平台与智能家居网关。

步骤 1　打开 App。在移动工控终端上打开智能家居网关 App，进入智能家居网关登录界面，如图 3-128 所示。

步骤 2　智能家居网关 App 连接 ZigBee 网关。点击"登录"，即可将智能家居网关 App 和 ZigBee 网关进行连接（注意，安装了智能家居网关 App 的移动工控终端必须和 ZigBee 网关处在同一交换网络内），智能家居网关界面左上角会显示"当前网关标识：O_88e62810d278"的字样，表示智能家居网关 App 与 ZigBee 网关匹配成功，如图 3-129 所示。

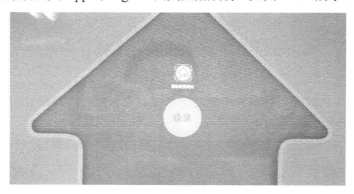

图 3-128　智能家居网关登录界面

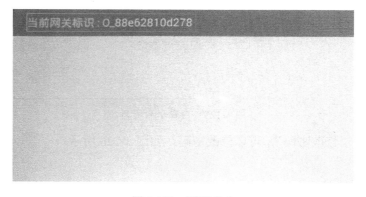

图 3-129　匹配成功

步骤 3 新增网关。在计算机上登录云平台，依次单击"设备管理"→"网关管理"→"新增"按钮，输入网关类型、网关名称、网关标识等内容，单击"提交"按钮，如图 3-130 所示。

图 3-130 新增网关

步骤 4 智能家居网关连接云平台。点击移动工控终端智能家居网关 App 右上角的"设置"按钮，在弹出的界面中填写 IP 地址和端口，然后点击"确定"按钮，在右上角显示"成功连接云平台"，说明智能家居网关与云平台连接成功，如图 3-131 所示。

步骤 5 添加项目。需要通过项目管理的方式，将云平台、客户端、网关及设备等组件关联起来。具体方法如下：依次单击"项目中心"→"项目管理"→"新增项目"按钮，在打开的页面中输入相关信息，再单击"提交"按钮即可，如图 3-132 所示。

图 3-131　成功连接云平台

图 3-132　添加项目

图 3-132 添加项目（续）

2）ZigBee 设备入网设置

智能家居系统中的 ZigBee 设备必须先和 ZigBee 网关组网，才能正常使用。另外，部分电气设备属于红外设备（如电视、音箱等），这些设备可以借助红外转发器的信号转发来实现正常的控制。

（1）ZigBee 网关重置。

ZigBee 网关重置不是本任务中必要的操作，仅在设备出现问题、ZigBee 网关无法正常连接云平台或者出现其他 ZigBee 设备干扰入网的情况时，才需要将 ZigBee 网关进行重置。重置方法如下：将 ZigBee 网关的一端用网线连接至无线路由器，长按重置按钮，等待按钮旁边的指示灯熄灭后松开重置按钮，约 2 分钟后，ZigBee 网关重置成功，如图 3-133 所示。

图 3-133 ZigBee 网关重置

（2）ZigBee 设备入网。

步骤 1 单击云平台的"网关管理"→"设备管理"→"搜索设备"按钮，云平台将下发命令给移动工控终端上的智能家居网关 App，智能家居网关 App 则控制 ZigBee 网关对 ZigBee 设备进行搜索，如图 3-134 所示。

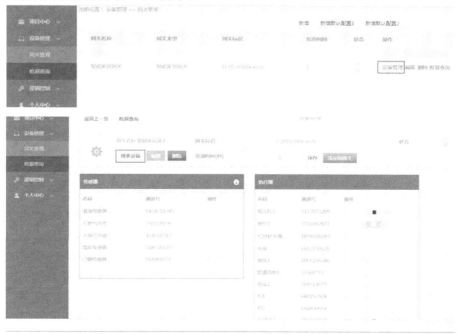

图 3-134 搜索 ZigBee 设备

图 3-134 搜索 ZigBee 设备（续）

步骤 2 在云平台搜索设备时，智能家居网关 App 会自动捕获并在移动工控终端上显示入网的 ZigBee 设备，当搜索结束后，移动工控终端和云平台会同步显示搜索到的 ZigBee 设备，如图 3-135 所示。

当前网关标识：O_007e560caccb 成功连接云平台 设置

可燃气体传感器1

情景面板1

窗帘1

RGB灯2

灯1

灯2

红外转发器1

人体红外感应1

调光灯1

门窗传感器1

添加红外设备

图 3-135 显示搜索到的 ZigBee 设备

步骤 3 有些 ZigBee 设备通电后，无法自动入网，可以针对不同设备采用相应的手动入网操作。ZigBee 设备的手动入网操作方法如下。

智能开关、红外转发器、智能插座、智能调光开关、情景控制面板：先连续按下面板上的任意按键 4 次，第 5 次长按不放，指示灯快速闪烁，说明已经脱网，再按一次后指示灯慢速闪烁，当指示灯不再亮时，代表入网成功。

人体红外传感器：长按设备上的按键，指示灯快速闪烁，快速闪烁结束后再按一次，指示灯慢速闪烁，当指示灯不再亮时，代表入网成功。

RGB 控制盒、窗帘控制盒：先连续按下组网键 4 次，第 5 次长按不放，出现红灯常亮、蓝灯快速闪烁的情况，说明已经手动脱网，再按一次组网键，蓝灯慢速闪烁，表示进入组网过程，当红灯常亮、蓝灯不亮时，代表入网成功。

可燃气体探测器、烟雾探测器、一氧化碳报警器、温湿度传感器、水浸传感器：长按设备组网键 2s 后绿灯快速闪烁，然后绿灯常亮 3s，代表入网成功。

（3）红外设备入网与学习。

添加红外设备之前，一定要确保红外转发器已成功入网。红外设备的学习实际上是对遥控器按键的学习。本实训平台中的红外设备只有音箱，该设备的入网、学习可通过智能家居网关 App 来完成。

步骤 1　添加音箱。在移动工控终端的智能家居网关 App 的界面上，点击"添加红外设备"按钮，然后在弹出的界面中输入设备名称"音箱"，并点击"创建"按钮，成功添加设备，如图 3-136、图 3-137、图 3-138 所示。

图 3-136　"添加红外设备"按钮

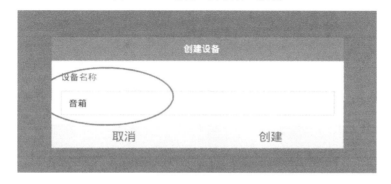

图 3-137　输入设备名称

图 3-138　成功添加设备

步骤 2　音箱按键的学习。红外设备学习的具体操作方法如下。

点击"音箱",进入音箱学习界面,如图 3-139 所示。

图 3-139　音箱学习界面

点击"开关"按钮,弹出"操作成功"的提示,创建"开关"按键,如图 3-140 所示。

图 3-140　创建"开关"按键

进行"开关"按键的功能学习，点击"开关"按钮，弹出"进入学习状态"的提示，如图 3-141 所示。

图 3-141 进入学习状态

将音箱原装遥控器对准红外转发器，按遥控器上的开关按键一次，红外转发器的指示灯闪一下，智能家居网关 App 弹出"学习成功"的提示，说明"开关"按键学习成功，如图 3-142 所示。

图 3-142 "开关"按键学习成功

按照上述方法，对其他按键（播放、暂停、下一曲、上一曲、音量加、音量减）逐一进行学习，如图 3-143 所示。

图 3-143　学习其他按键

（4）情景控制面板的配置。

情景控制面板是比较特殊的一个设备，与红外转发器类似的是，情景控制面板在入网后也需要进行配置，需要定义不同的情景模式，才能正常使用。

步骤 1　对情景控制面板的三个按钮进行开关绑定，以实现情景控制面板一个按钮同时控制多个设备的效果，如图 3-144 所示。

图 3-144　情景控制面板按钮设定

步骤 2　配置第一个按钮。将按钮 1 设置为调光灯 1、RGB 灯 2、灯 1、灯 2 同时亮起，如图 3-145 所示。

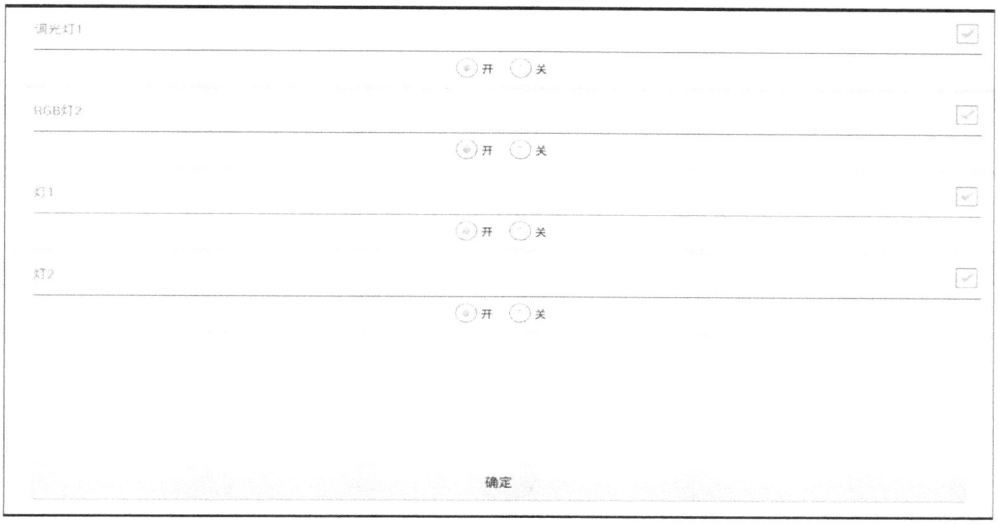

调光灯1		☑
	◉ 开 ○ 关	
RGB灯2		☑
	◉ 开 ○ 关	
灯1		☑
	◉ 开 ○ 关	
灯2		☑
	◉ 开 ○ 关	
	确定	

图 3-145　按钮 1 的设置

按钮 1 设置完成后，会出现"绑定成功"的提示，如图 3-146 所示。

	添加设备
调光灯1	◉ 开 ○ 关
RGB灯2	◉ 开 ○ 关
◉ 按钮1　灯1	◉ 开 ○ 关
灯2	◉ 开 ○ 关
○ 按钮2	
○ 按钮3	

图 3-146　绑定成功

步骤 3　参照步骤 1 和步骤 2，分别完成按钮 2 和按钮 3 的设置。

3）网络摄像头入网设置

网络摄像头的设置，主要是将网络摄像头连接到无线路由器上，查找网络摄像头的 IP 地址，再利用此 IP 地址登录网络摄像头的管理界面，进而实现网络摄像头的详细配置。

步骤 1　将移动工控终端与无线路由器连接到同一个局域网中。

步骤 2　在移动工控终端上安装网络摄像头无线配置工具软件"摄像头无线网配工

具.apk"。

安装完软件后，在界面中会生成应用程序图标。

步骤3 在移动工控终端上，点击 图标，在打开的界面中输入网络摄像头底部标记的序列号和移动工控终端所连接的 Wi-Fi 密码，如图 3-147 所示。

图 3-147 添加设备

步骤4 在"设备添加"界面中点击"无线添加"→"确定"，可以听到网络摄像头的语音提示"网络连接中"，当网络连接成功后，语音提示"连接路由器成功"，此时配置工具中会显示无线路由器分配的所有客户端 IP 地址。登录无线路由器管理界面，打开客户端列表，通过网络摄像头序列号可以获取 IP 地址，如图 3-148 所示。

4）智能家居客户端软件的使用

当智能家居系统内的所有组件全部安装、组网成功后，就可以通过智能家居客户端软件实现对整个智能家居系统的控制。

（1）打开智能家居客户端软件。

在移动工控终端上打开已经安装好的智能家居客户端软件，智能家居客户端软件主界面如图 3-149 所示。

（2）系统设置。

步骤1 点击主界面左上角的 图标，或者在主界面的左侧边框处向右滑动，会显示菜单，如图 3-150 所示。

步骤2 点击"系统设置"，进入"连接设置"界面，正确输入相关信息。其中，"用户名""密码"为云平台上所使用的用户名及密码，"服务器"为云平台的链接，"项目标识"为云平台上该用户添加的项目标识；"视频监控IP"为网络摄像头的IP地址，"端口"默认为 HTTP 对应的端口 80，"账号""密码"为访问网络摄像头网页时的账号及密码；"门口机 IP"为单元（室外）门口机的 IP 地址，"端口"默认为 RTSP 的端口 554，"账号""密码"为访问单元（室外）门口机网页时的账号及密码。设置完成后，点击"保存设置"按钮，如图 3-151 所示。

图 3-148　获取网络摄像头 IP 地址

图 3-149　智能家居客户端软件主界面

图 3-150　显示菜单

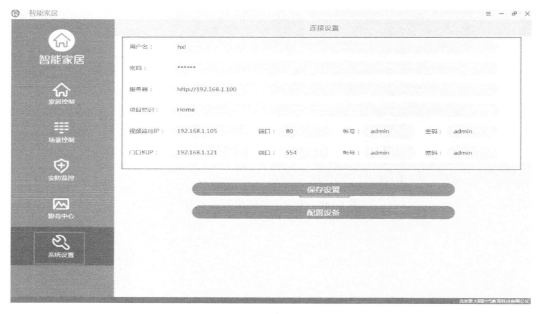

图 3-151　连接设置

步骤3　云平台连接设置成功后，进入"设备配置"界面，进行设备配置，如图 3-152 所示。

（3）家居控制。

点击"家居控制"→"家居环境"按钮，打开"家居环境"界面，如图 3-153 所示。在这里，可以查看楼道监控，还可以进行开门操作，如图 3-154 所示。

"家居环境"界面还可显示室内温度、室内湿度及一氧化碳的相关数据。

在"灯具控制"界面中可对卧室灯、厨房灯、客厅灯带、客厅灯进行开关操作，开关设备之前，需要先对设备进行绑定，如图 3-155 所示。

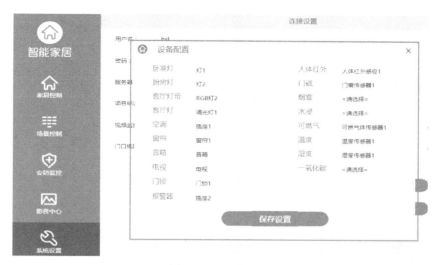

图 3-152　设备配置

图 3-153　"家居环境"界面

图 3-154　查看楼道监控和开门

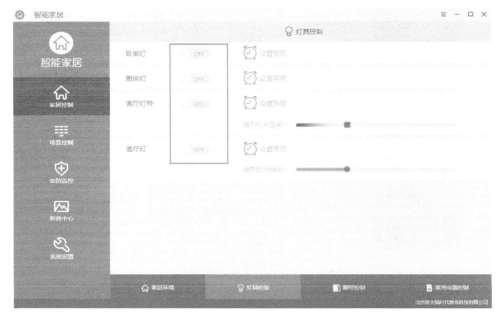

图 3-155 "灯具控制"界面

智能家居中的策略主要以时间为判断条件，当满足所设置的时间条件时，对应的设备就会执行策略中相应的操作。

在云平台上添加卧室灯的策略，如图 3-156 所示。

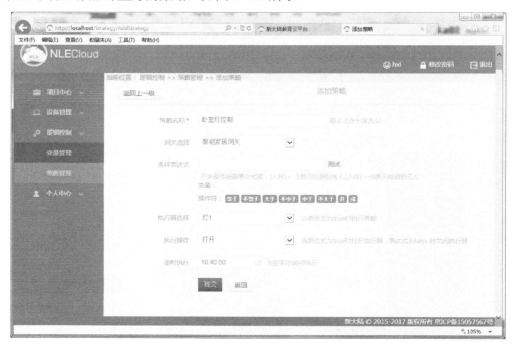

图 3-156 在云平台上添加卧室灯的策略

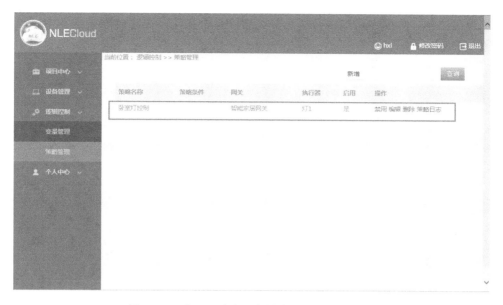

图 3-156　在云平台上添加卧室灯的策略（续）

在移动工控终端上，可查看云平台上添加的策略，如图 3-157 所示。

图 3-157　查看卧室灯的策略

卧室灯、厨房灯、客厅灯等可通过语音进行控制。语音命令包括开卧室灯、关卧室灯、开客厅灯、关客厅灯、开厨房灯、关厨房灯、开客厅灯带、关客厅灯带、开客厅灯、关客厅灯，如图 3-158 所示。

图 3-158　语音控制

在"窗帘控制"界面中可对窗帘进行开、暂停、关操作，在"时间设置"中可以设置策略，如图 3-159 所示。

图 3-159 "窗帘控制"界面

"家用电器控制"界面如图 3-160 所示。

图 3-160 "家用电器控制"界面

（4）场景控制。

点击 "场景控制"按钮，进入"场景控制"界面，有"回家模式""氛围模式""离家模式"三种模式，如图 3-161 所示。

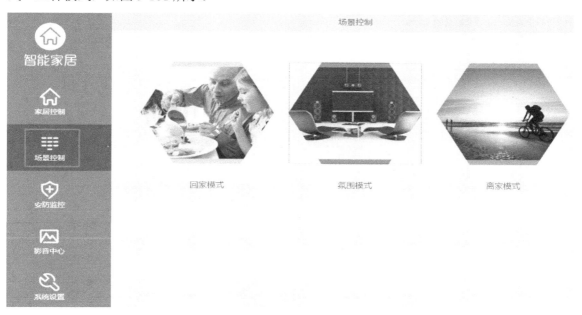

图 3-161 "场景控制"界面

选择"回家模式"时，选中"自动打开客厅、厨房灯光"，客厅灯、厨房灯会自动打开，如图 3-162 所示。

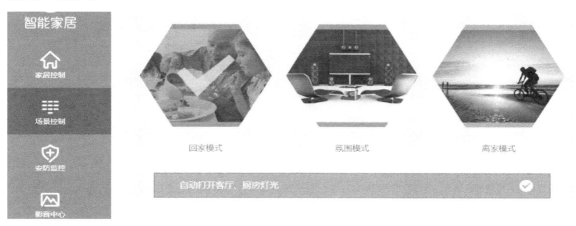

图 3-162 回家模式

打开"家居控制"界面，可以看到相应设备被开启，如图 3-163 所示。

选择"氛围模式"时，选中"自动打开 RGB 灯带"，RGB 灯带会自动打开，如图 3-164 所示。

打开"家居控制"界面，可以看到客厅灯带被开启，如图 3-165 所示。

选择"离家模式"，如图 3-166 所示。

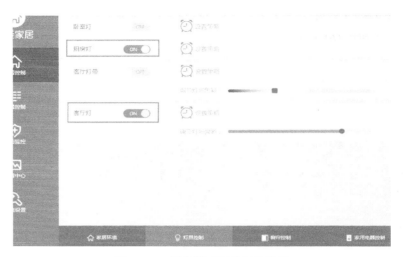

图 3-163　回家模式下的灯具设置

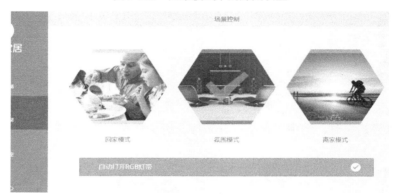

图 3-164　氛围模式

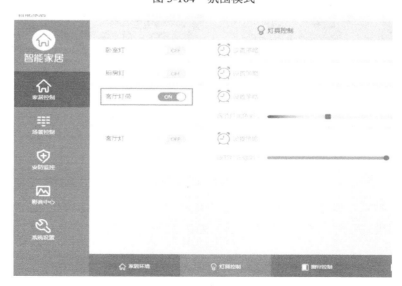

图 3-165　氛围模式下的灯具设置

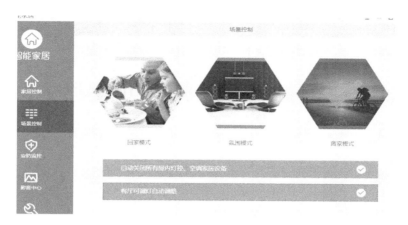

图 3-166　离家模式

打开"家居控制"界面，相关设置如图 3-167 所示。

图 3-167　离家模式下的灯具设置

在离家模式下，如果人体红外传感器感应到有人，则系统会弹出"非法入侵"的提示；如果门窗传感器感应到门窗被打开，则系统会弹出"门窗打开"的提示（图 3-168），同时触发报警器。如果要关闭报警器，可打开"安防监控"界面，点击"关闭报警器"。

图 3-168　"门窗打开"的提示

（5）安防监控。

点击"安防监控"按钮，进入"安防监控"界面，如图 3-169 所示。

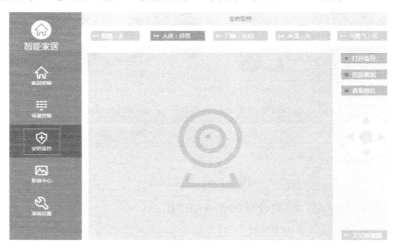

图 3-169 "安防监控"界面

点击"打开监控"按钮，可显示网络摄像头捕捉到的画面，如图 3-170 所示。

图 3-170 "打开监控"按钮

点击"视频截图"按钮，可以截取当前网络摄像头拍摄的画面。

点击"查看图片"按钮，可以查看所有截图。

点击右侧的方向按钮，可以调节网络摄像头的方向，如图 3-171 所示。

（6）影音中心。

点击"影音中心"按钮，可进入影音中心界面，如图 3-172 所示。

图 3-171 方向按钮

图 3-172 影音中心界面

在影音中心的"电视控制"界面中，右侧有一个遥控器，当智能家居网关对电视遥控器各个按键学习成功后，就可通过该界面进行按键操作，实现电视控制功能。在影音中心的"音响控制"界面中，右侧也有一个遥控器，当智能家居网关对音箱的各个按键学习成功后，就可通过该界面进行按键操作，实现音箱控制功能。

5）智能家居云平台的管理

在实际应用中，会碰到一些特殊情况，如某些传感器、执行器等 ZigBee 设备不再继续使用，或者需要增加一些新设备，或者需要定时开启或关闭某些家用电器。此时就需要使用云平台的扩展功能来满足上述要求。本任务主要学习设备管理、设备删除、策略管理与数据查询功能。

（1）设备管理。

在云平台的主界面上，可以直接对各种智能家居设备进行控制。打开设备管理界面，可以看到已经入网的所有 ZigBee 设备，如图 3-173 所示。

图 3-173 设备管理界面

图 3-173　设备管理界面（续）

　　单击开关按钮，相应的设备会启动。例如，单击灯 1 的开关按钮，硬件设备灯 1 会亮起，如图 3-174 所示。

图 3-174　控制灯 1

　　云平台上的操作会同步到 Android 客户端和计算机客户端，如图 3-175、图 3-176 所示。

　　注意：在计算机上用浏览器访问云平台时，建议用谷歌浏览器，或 IE 9.0 以上版本的 IE 浏览器，否则可能出现某些控件不能显示的问题。

　　（2）设备删除。

　　当某个设备不再使用时，可以在智能家居网关上删除这个设备。另外，当需要重置智能家居网关时，也需要先删除所有已连接设备。

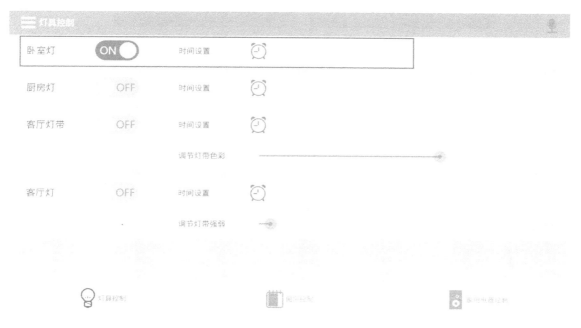

图 3-175　云平台上打开灯 1 的操作同步到 Android 客户端

图 3-176　云平台上打开灯 1 的操作同步到计算机客户端

首先将智能家居网关与云平台断开连接，然后单击删除按钮，如图 3-177 所示。

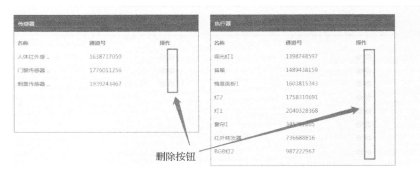

图 3-177 单击删除按钮

此时会弹出对话框，让用户确认删除设备，如图 3-178 所示。

图 3-178 确认删除设备

（3）策略管理。

智能家居云平台可以提供多种基于策略的设备管理功能。通过策略管理功能可以使智能家居设备定时关机，也可以使传感器联动其他设备。例如，当人体红外传感器感应到有人非法入侵时，相应的策略将激活智能开关，使得连接在智能开关上的声光报警器发出警报。

步骤 1 在云平台管理界面依次单击"逻辑控制"→"策略管理"→"新增"按钮，如图 3-179 所示。

步骤 2 这里添加一个客厅灯于 15:45:31 打开的策略，如果需要其他设备联动，还可以在"条件表达式"中进一步设置，如图 3-180 所示。

单击"提交"按钮，返回策略列表，会显示添加成功的策略。在策略列表中也可以对已经添加的策略进行编辑、删除等操作，如图 3-181 所示。

步骤 3 策略添加后并不会立即生效，还需要在策略列表中单击对应策略右边的"启用"按钮，正式启用该策略，如图 3-182 所示。

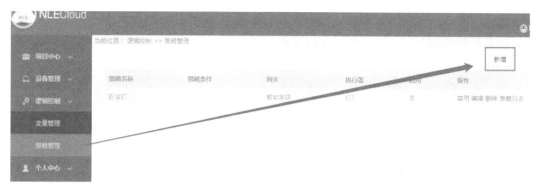

图 3-179 新增策略

图 3-180 编辑策略

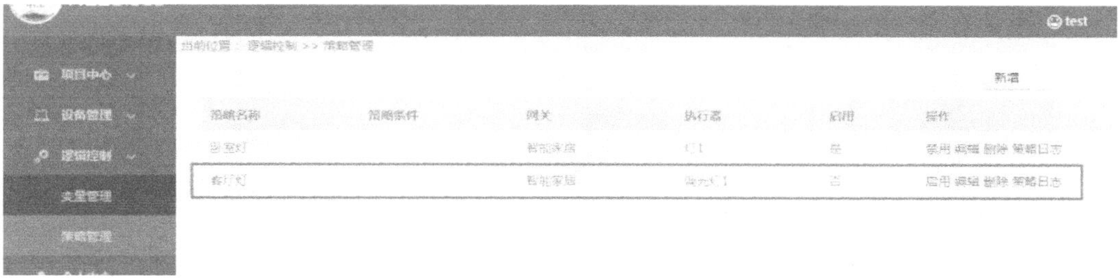

图 3-181 策略列表

图 3-182 启用策略

步骤 4　策略启用后，当条件满足时，可以看到调光灯 1 自动打开，在云平台设备管理界面上也会看到相应的状态，如图 3-183 所示。

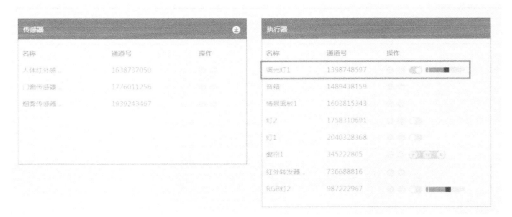

图 3-183　执行策略

（4）数据查询。

智能家居系统中的各种设备都会定时向智能家居网关反馈自身的工作状态，以人体红外传感器为例，当人体红外传感器探测到有人时，会返回传感值"1"，无人时则返回传感值"0"，并且这个数据会以每 5s 一次的频率发送。其他设备同样按照设定好的频率发送自身工作状态数据。所有设备发送的数据能够为智能家居系统的运行提供数据支持。

云平台专门提供了数据查询功能，查询方法如下：依次单击"设备管理"→"数据查询"，打开"数据查询"界面，选择查询的时间段、项目、传感器名称，然后单击"查询"按钮，即可显示指定时间段内该传感器的所有数据，如图 3-184 所示。这些传感器的数据十分重要，它们将作为开发智能家居系统相关软件的直接数据来源。

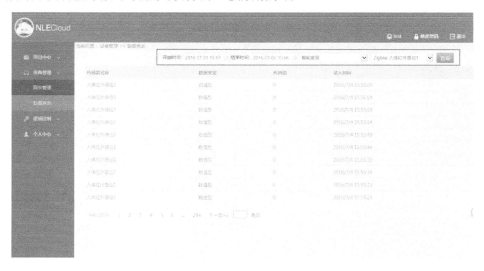

图 3-184　数据查询

3.5　检验评估

1．针对工作任务进行检验

检验任务成果，并且记录数据，填写检验报告（表3-15）。

表 3-15　检验报告

序　号	检 验 项 目	记 录 数 据	是 否 合 格
			合格（ ）/不合格（ ）
			合格（ ）/不合格（ ）
			合格（ ）/不合格（ ）
			合格（ ）/不合格（ ）
			合格（ ）/不合格（ ）
			合格（ ）/不合格（ ）
			合格（ ）/不合格（ ）
			合格（ ）/不合格（ ）
			合格（ ）/不合格（ ）
			合格（ ）/不合格（ ）
			合格（ ）/不合格（ ）

2．围绕工作任务展开评价

利用评价系统进行评价。